伊恩·斯图尔特　数学游戏全集

Infinity and the Ouroboros

无穷大 与 衔尾蛇

Game, Set and Math:
Enigmas and Conundrums

【英】伊恩·斯图尔特◎著
张珍真◎译

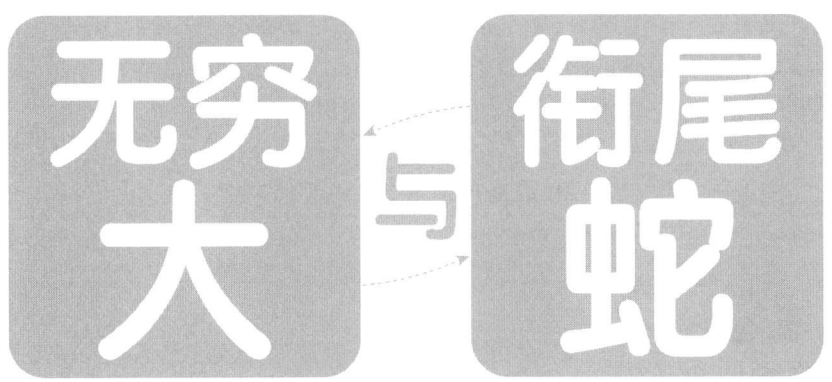

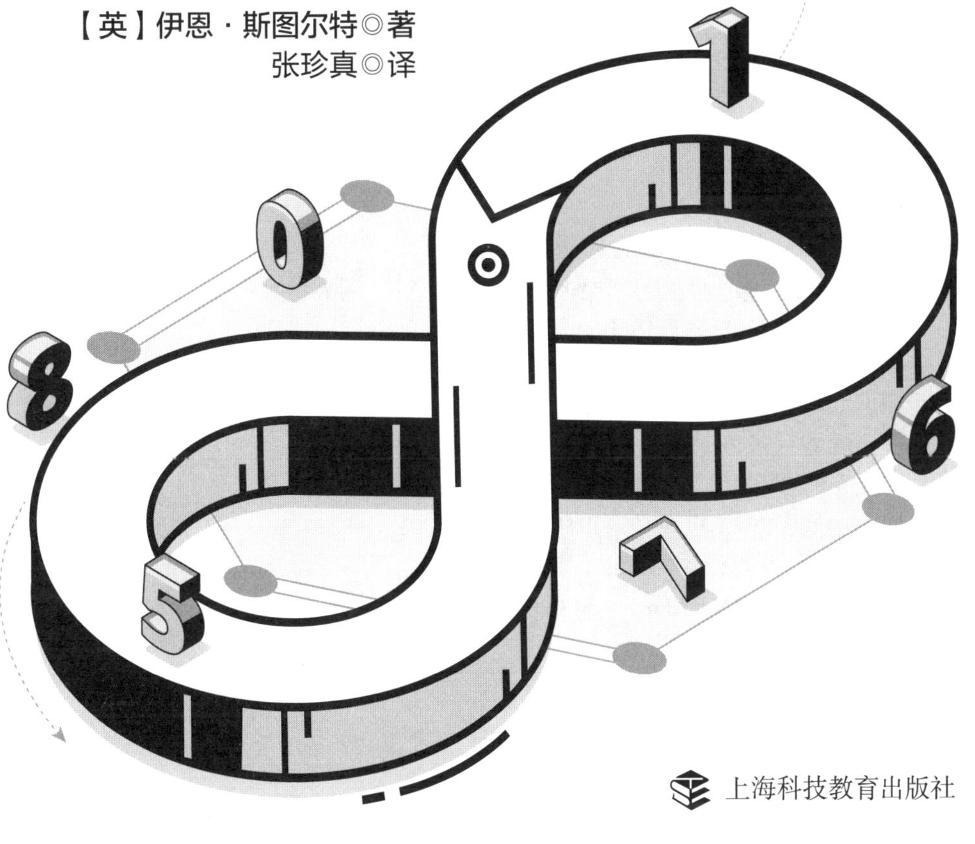

上海科技教育出版社

图书在版编目(CIP)数据

无穷大与衔尾蛇 /（英）伊恩·斯图尔特著；
张珍真译. -- 上海：上海科技教育出版社, 2025.6.
(数学桥丛书). -- ISBN 978-7-5428-8400-8
Ⅰ.O1-49
中国国家版本馆 CIP 数据核字第 2025BZ0137 号

责任编辑　李　凌
封面设计　戚亮轩

丛书

伊恩·斯图尔特数学游戏全集

无穷大与衔尾蛇
[英]伊恩·斯图尔特　著
张珍真　译

出版发行　上海科技教育出版社有限公司
　　　　　（上海市闵行区号景路 159 弄 A 座 8 楼　邮政编码 201101）
网　　址　www.sste.com　　www.ewen.co
经　　销　各地新华书店
印　　刷　上海中华印刷有限公司
开　　本　720×1000　1/16
印　　张　10.5
版　　次　2025 年 6 月第 1 版
印　　次　2025 年 6 月第 1 次印刷
书　　号　ISBN 978-7-5428-8400-8/N·1263
图　　字　09-2023-0591 号
定　　价　45.00 元

前　言

几年前，布朗热（Philippe Boulanger）让我推荐一位数学专栏作家来为《为了科学》(Pour la Science)杂志撰写"数学视野"(Mathematical Visions)栏目。《为了科学》杂志是《科学美国人》(Scientific American)的法文版，而布朗热正是该杂志的编辑。我第一次读到这本杂志时，还只有十几岁。当时，年少的我几乎立刻就被加德纳（Martin Gardner）的"数学游戏"(Mathematical Games)专栏深深吸引。后来，当加德纳停止写作，这一专栏逐渐演变成了杜德尼（A. K. Dewdney）的"计算机消遣"(Computer Recreations)。计算机逐渐替代了数学，这样的变化或许也象征着我们这个时代的变迁。但由于法国人抵制这一变化，因此"数学游戏"得以保留，名字变成了"数学视野"——与"计算机消遣"并存。这一设置也符合我的世界观：计算机和数学是一种共生关系，相互依赖。言归正传，这个专栏的作者已经转向了其他领域，因此布朗热正在寻找接替者。

我有没有合适的人选可以推荐呢？当然，于是我就毛遂自荐了："有，我自己。"

布朗热接受了我的自荐,尽管他可能对此仍有顾虑。两年后,这个专栏找到了自己的独特风格。我用英文写作,而菲利普则以相当熟练的技巧和自由的方式将其翻译成法文。现在,每当我遇到一个有趣的数学问题时,我的一部分思维就会想到:"我是否能够在《为了科学》中解释清楚呢……"它给了我一个非常不同的视角;至少有一次,我在思考"数学视野"的文章时萌生的想法被用到了严肃的学术研究中。

无论如何,这成就了这本书①——一本以不太严肃的方式呈现正经数学的书,收录了12篇"数学视野"的专栏文章。我对文章进行了编辑,恢复了英语的双关语。人们有时试图强调"数学可以很有趣"的观点,我认为这样的强调是错的。对我来说,数学**就是**有趣的,而这本书是我对待这个学科的一种自然结果。

当然,我能理解为什么大多数人会对这个说法感到困惑。要明白**为什么**数学有趣,你得找到正确的视角。你必须停止对符号和术语的畏惧,专注于思想;你要把数学看作一个朋友,而不是敌人。我

---

① 本书中文版将原书一拆为二,即本系列的《无穷大与衔尾蛇》《奇偶把戏与帕斯卡分形》。——译者注

并不是说数学总是令人愉快的；但你应该享受它，无论你的水平如何。你喜欢填字游戏或拼图吗？你喜欢下跳棋或国际象棋吗？你对数学规律着迷吗？你喜欢弄清楚"事物是如何运转的"吗？如果喜欢，那么你就有能力欣赏数学思想。而且，也许，如果你真的喜欢它们，你甚至可能成为一名数学家。

我们需要更多的数学家。数学对我们的生活方式至关重要。有多少人在观看电视节目时能意识到：如果没有数学，我们将无电视可看？数学是无线电波得以发现的关键因素。数学影响着处理信号的电子电路的设计。当屏幕上的图像卷成一根管子，并旋转显示成另一幅图像时，因计算机图形学而焕发生机的数学令人惊叹。

但这是应用层面的数学。这本书要讲的是另一面：娱乐层面的数学。

这两个层面可以说是数学的"一体两面"。数学是一场非凡的想象力的大爆发，既有纯粹的求知欲探索，又有具体的实际应用；它本就是**一个整体**。过去几年，纯粹数学和应用数学重新融合。拓扑学正在开辟全新的动力学领域；多维椭球的几何学正在为美国电话电报公司赚大钱；诸如 p 进群这样的晦涩概念在高效电话网络的设计中出现;康托尔集则被用于描述心脏的工作原理。昔日的智力游戏已经成为今天企业的财源。

然而,你在本书中读到的将是数学有趣的一面,而不是赚钱的一面。书中的一些话题是古老而经典的,另一些则是最新的。本书的大多数章节中都包含了需要你解答的问题,答案则附在该章节的末尾;还有一些章节包含了可以动手制作、亲身体验的游戏。这些娱乐的背后也有我的深层意图:我希望至少有些人能受到启发,去探索那个幽默表演背后非凡的精神世界。实际上,在本书中你所遇到的话题都与**正经**的数学密切相关——尽管你自己未必能透过重重伪装看清这点。"虫妈妈的毯子"是一个几何测度论的问题;"醉酒的网球选手"涉及随机过程和马尔可夫链;"自噬的乌洛波洛斯"关于编码理论和无线电通信。

伊恩·斯图尔特

目　　录

第1章　虫妈妈的毯子 / 1

第2章　醉酒的网球选手 / 27

第3章　无限信息实验室 / 53

第4章　自噬的乌洛波洛斯 / 71

第5章　谬误还是误谬？ / 95

第6章　自造病毒 / 123

进阶读物 / 149

第 1 章
虫妈妈的毯子

无穷大与衔尾蛇

"**好**烦呐!"虫妈妈嚷道。

"有什么问题吗,亲爱的?"

"是我们可爱的小毛毛虫沃姆特德出了点问题。我知道我不应该批评孩子,但有时候,嗯,她的毯子总是掉!她会冷到骨子里的!"

"安妮-莉达,毛毛虫**没有**骨头。"

"好吧,亨利,那就是冷到她的内胚层里了!问题是,她一睡觉就会扭来扭去,蜷缩成各种姿势,毯子就掉下来了。"

"她熟睡后会动吗?"

"不会,亨利,她睡得像根木头似的。"

"**她看起来也像根木头**。"虫爸爸亨利想着,但没有说出来。"那你就在她睡熟后再给她盖上毯子,亲爱的。"

"是的,亨利,我也想过这个办法。但还有另一个问题。"

"告诉我,亲爱的。"

"毯子应该是什么形状呢?"

虫爸爸花了一些时间才弄明白这个问题。原来虫妈妈想做一条毯子,小毛毛虫无论以什么样的姿势蜷缩,毯子都能完全覆盖住

她——你懂的,只盖住毛毛虫本身,而不包括她周围的区域。毯子可以有孔洞。但为了省钱,虫妈妈希望毯子的面积尽可能小。

如你所见,虫爸爸亨利很有学问,他说:"啊,首先我们要选择一个合适的单位……让我们就用这熊孩子……我是说,小可爱沃姆特德的身体长度为1个单位。这样一来,你的问题就变成了:什么形状的平面能够覆盖住长度为1个单位的**任意**平面曲线。当然,你肯定还想知道这个最小面积是多少。"

"没错,亨利。"

"嗯,这个问题有点棘手……"

当你开始思考虫妈妈的毯子问题时,最大的困难在于无从下手。不过,我们可以参考虫爸爸亨利的做法——为了不让妻子发现自己无法回答这个问题的事实,他开始向妻子介绍如何从最基本的概念入手。假设我们已经知道小毛毛虫所在的一些点的位置,那么我们是否能够推测出其他点的位置?他指出了两条这样的原理(见"关于毯子的两点基本原理"):这两条原理都是基于"两点之间直线段最短"这一基本概念。

关于毯子的两点基本原理

圆形原理：假设有一条长度为 L 的毛毛虫，并且我们知道它的一端在点 P 上，那么这条毛毛虫一定位于以点 P 为中心、半径为 L 的圆内。 原因是：毛毛虫身上的每个点到点 P 的距离都一定小于或等于**毛毛虫的长度**，即小于或等于 L。 因此，这些点必然位于以点 P 为圆心且半径为 L 的圆内。

椭圆原理：假设有一条长度为 L 的毛毛虫，并且我们知道它的两端在哪里。 假设这两个端点分别是平面的点 P 和点 Q，那么，我们可以按照以下方法作出一条曲线：取一段长度为 L 的绳子，并将其两头分别固定在点 P 和点 Q 上，然后将一支铅笔的尖端插入其中，拉直绳子。 随着铅笔的移动，它就画出了一个椭圆，并且这个椭圆的焦点就是点 P 和点 Q。 这个椭圆及其内部的任意点 X 必然满足 $PX+XQ$ 小于等于 L。 因此，毛毛虫身体的每个点都位于这个椭圆内（图 1.1）。

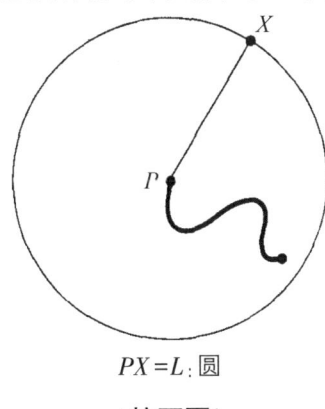

$PX = L$：圆

（接下页）

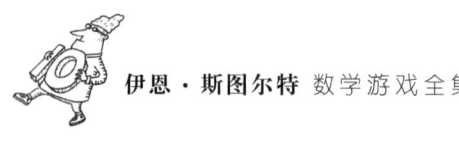

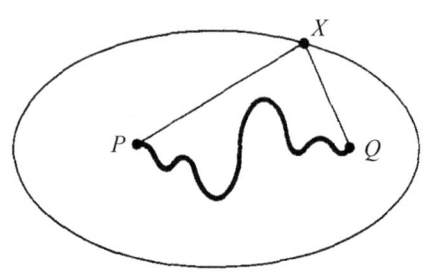

$PX+XQ=L$：椭圆

图 1.1

概括来说，假设我们已知毛毛虫的长度为 L，当已知毛毛虫身体的一端位于点 P 时，整条毛毛虫位于以点 P 为圆心、半径为 L 的圆内；当已知毛毛虫身体两端分别位于点 P 和点 Q 时，整条毛毛虫位于以 P 和 Q 为焦点，由所有满足 $PX+XQ=L$ 的点 X 构成的椭圆内

"太好了，"虫爸爸亨利说，"现在，亲爱的安妮-莉达，我们取得一些进展了。应用圆形原理可以证明，直径为 2 的圆肯定能让沃姆特德保持温暖。把毯子的中心盖在宝宝的尾巴上，亲爱的，其他部分到尾巴的距离不会超过她的总长度！毯子有多大呢？额，直径为 2 的一个圆，面积是 π。让我想想，这个 π 应该约等于 3.141 59……"

"这就足够了，亨利！我已经想到了**更好的**主意。假设你(在脑海中)把沃姆特德从中点处切割成两半，每一半都位于以她的中点为圆心、半径为 $\frac{1}{2}$ 的圆内。如果我把一个半径为 $\frac{1}{2}$（也就是直径 1）的圆形毯子放在宝宝的中点上，就足够覆盖住这个可爱的小家伙。"

问　题

1. 这样的话,毯子的面积是多少呢?还记得圆的面积公式 πr^2 吗?

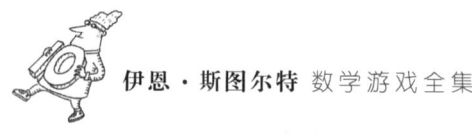

实际上,这是能够始终覆盖虫宝宝的最小**圆形**。如果圆形毯子的直径不到1,那么虫宝宝伸直身体时,头(或者尾巴)就会露出毯子外。

但是,如果不把毯子做成圆形,而是其他形状,是不是能更节约成本呢?想到要给毯子付账的人可是自己,虫爸爸一边嘟囔着"最好是这样"一边回到了书房。两个小时后,他拿着几张纸出来,宣布虫妈妈建议的直径为1的圆形毯子太大了,至少是所需面积的两倍。

"好消息,亲爱的。一个直径为1的半圆就足够覆盖我们的害虫,哦,不,我们可爱的孩子。无论她在睡着之前怎么扭来扭去,毯子都足以盖住她。"

正如前文所述,虫爸爸亨利是一个一丝不苟的人,在他完全确信之前,绝不会开口下定论。因此,他不仅花时间做了许多与半圆相关的实验,还证明了单位半圆(直径为1的半圆)**总能**覆盖虫宝宝。这个证明可不简单,如果你想跳过它,我也不怪你。但是证明是数学的本质,你也许会对虫爸爸的推理感兴趣,可以参考"虫爸爸的证明"。

问　　题

2. 这就进一步缩小了面积。进一步缩小到了什么程度呢?

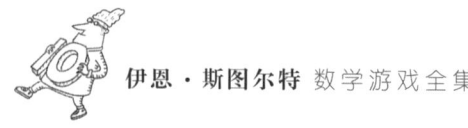

虫爸爸的证明

首先,我们定义一个"支撑线"的概念,即:任何与虫宝宝沃姆特德相切,且完全位于其一侧的线段(图1.2)。如何得到"支撑线"?很简单,在任意方向取一直线,然后平移它,直到该直线首次与虫宝宝相交。请注意,支撑线**可能**与虫宝宝有不止一个交点。

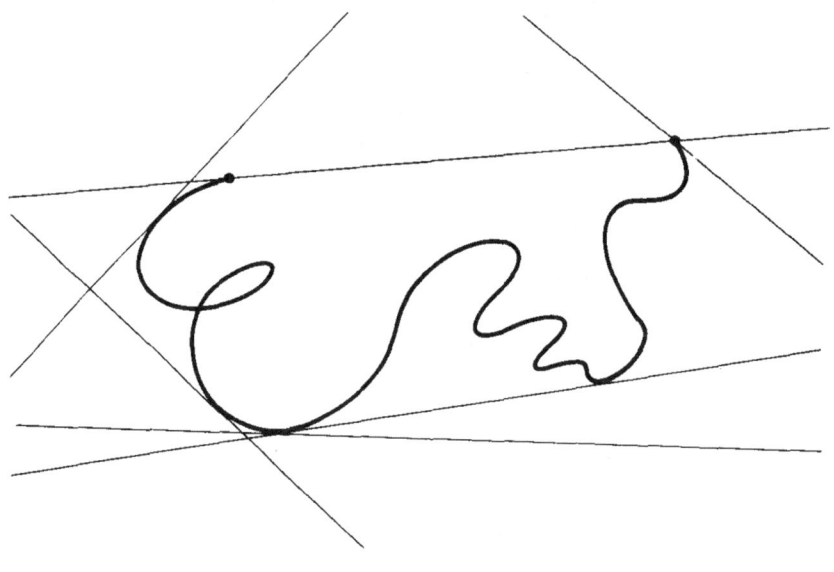

图1.2 支撑线

假设每条支撑线与虫宝宝只在一个点相交,那么她必定蜷曲在一个闭合凸环内(图1.3)。假设她与支撑线的切点是点 P,那么即使虫宝宝伸直身体,环上所有的点到点 P 的距离也都小于等于毛毛虫长度的一半,即 $\frac{1}{2}$;如果毛毛虫身体弯曲,就更是如此。如此一来,就可以证明虫宝宝位于以点 P 为圆心、半径为 $\frac{1}{2}$ 的圆内。又由于她只位于由支撑线形成的圆的直径的一侧。因此,她位于一个直径为 1 的半圆内。

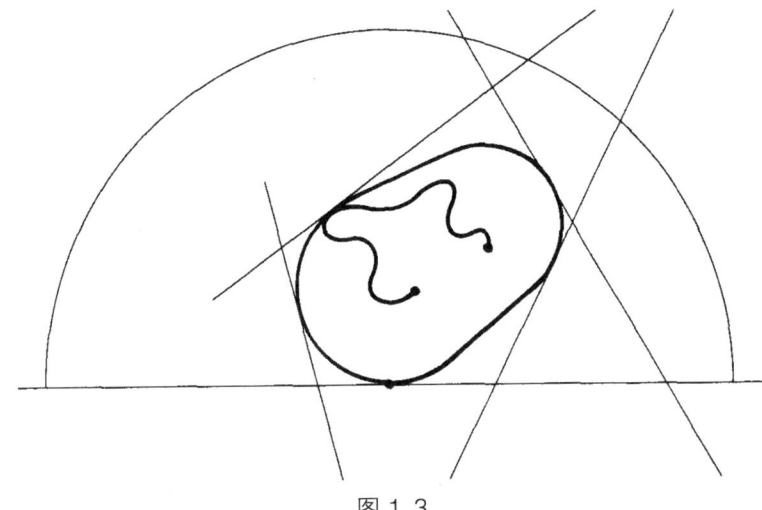

图 1.3

如果每条支撑线与虫宝宝都只有一个交点,那么虫宝宝确定了一个周长小于等于 1 的凸环,它必然位于一个直径为 1 的半圆内

还有一种可能性,即支撑线与虫宝宝有至少两个交点,即点 P 和点 Q,这两个点将虫宝宝分为 A、B、C 三段,其长度分别为 a、b、c,且 $a+b+c=1$(图 1.4)。两点之间,线段最短,因此对于 B 段,线段 PQ 的长度一定小于等于 b。根据知识栏 1.1 的圆形原理,虫宝宝身体的 A 段位于以点 P 为圆心、以 a 为半径的圆内;但由于它同时位于支撑线的一侧,因此,实际上它位于一个以 P 为圆心、a 为半径的半圆内。同理,虫宝宝身体的 C 段也位于一个以 Q 为圆心、c 为半径的半圆内。

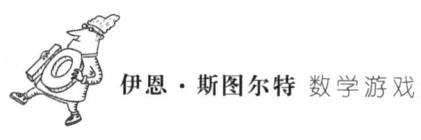

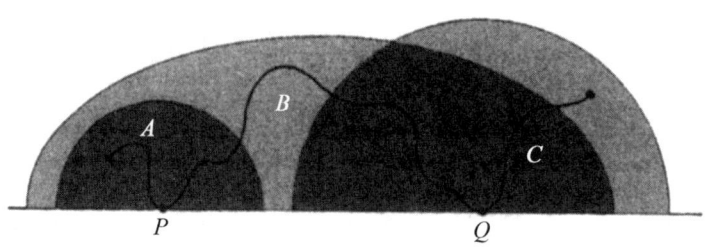

图 1.4

如果支撑线与虫宝宝有两个交点,则虫宝宝所在的区域是两个半圆和半个椭圆叠加而得的部分

那虫宝宝身体的 B 段呢? 根据椭圆原理,它位于以点 P 和点 Q 为焦点,拉直虫宝宝后长度为 b 的弦作出的椭圆内。 考虑到支撑线的存在,虫宝宝的 B 段实际上位于半个椭圆内。

因此,虫宝宝的整个身体位于由两个半圆和半个椭圆叠加组成的复杂形状内。 假设 X 和 Y 是支撑线上该图形的两个端点。 情况略微复杂:点 X 既可能位于以点 P 为圆心的半圆上,也可能位于半椭圆上;同理,点 Y 既可能位于以点 Q 为圆心的半圆上,也可能位于半椭圆上。 不过,无论是哪种情况,都不难证明点 X 与点 Y 之间的距离小于等于 1(图 1.5)。

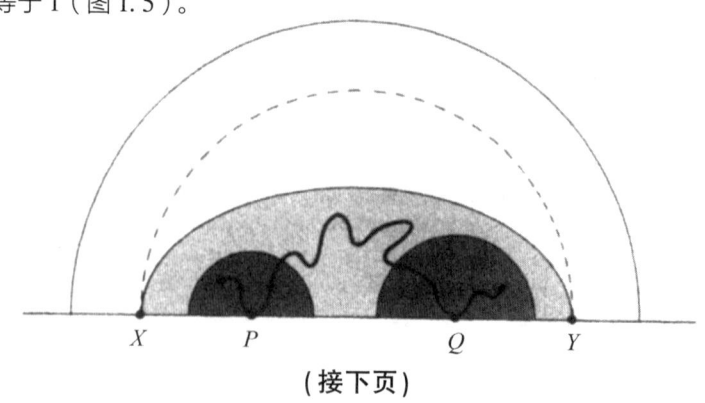

(接下页)

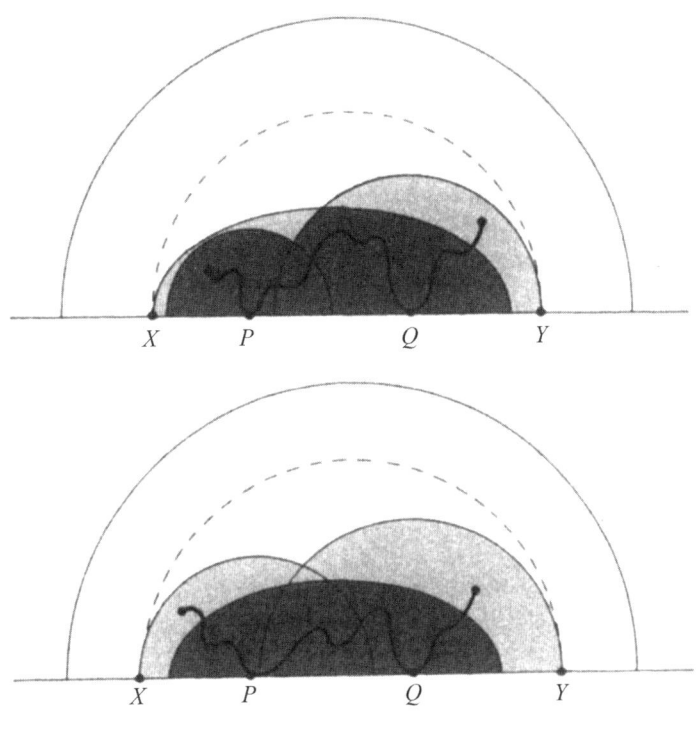

图 1.5

这两个半圆和半个椭圆共有 3 种可能的组合方式。无论是其中哪种,X、Y 两点的距离都不超过 1。因此,如果以虚线表示以 XY 为直径的半圆,那么该半圆位于直径为 1 的半圆内;毛毛虫也在其内

由于椭圆比圆更加"扁平",因此两个半圆和半个椭圆都在一个直径为 XY 的半圆内。又由于 XY 之间的距离小于等于 1,因此虫宝宝必然位于一个直径为 1 的半圆之内。

"非常聪明,亨利,"虫妈妈哼了一声,又说道,"但我认为基于同样的理由,你还可以从半圆上切掉一些额外的部分。你看,当点 P 和点 Q 之间的距离小于 b 时,点 X 和点 Y 之间的距离小于 1。那就说明肯定可以有改进的空间,不是吗?"

"嗯,你可能是对的,亲爱的。但要这么算下去可就太复杂了。"虫爸爸迅速地转移了话题,可亲爱的读者们绝不会善罢甘休,因为虫妈妈是对的:单位半圆并**不是最好的形状**。实际上,**没有人知道虫宝宝的毯子应该是什么形状**。这个问题还没有答案。请记住,无论虫宝宝扭成什么形状,毯子都必须能完全盖住她,而你也需要对此给出**证明**。如果你有比 $\frac{\pi}{8}$ 更小的答案,请告诉我。

那天晚上,虫爸爸正仔细读着《新闻虫报》头版的政治新闻。突然,他猛地扔下报纸,还不小心把手边的"可虫可乐"泼到了报纸头版的撒虫尔夫人的满版照片上。"安妮–莉达!我们忘了问,'这个问题是否真的存在答案'了!"你压制不住一个执着的学究!不过,虫爸爸说得非常有道理:平面集合可比传统的平面图形(例如圆和多边形)复杂得多。虫妈妈的毯子可能不是凸的:事实上,它可能有洞!那这样一来,这个复杂的平面集合的"面积"又从何谈起呢?

"神啊,"虫爸爸亨利说,"可能最小的面积是**零**。"

"别傻了,亲爱的。那样的话,毯子就不存在了!"

亨利重新倒了一杯新的"可虫可乐",故作高深地抿了一口。

"安妮–莉达,是时候让我来和你讲讲康托尔集了。"

"这和可怕的马的跑步有什么关系呢……"

"亲爱的,是康托尔(Cantor)集,不是马的慢跑(Canter)。康托尔(Georg Cantor)是一位德国数学家,他大约在1883年创造了一个非常奇特的集合。实际上,这个集合在1875年就被英国人史密斯(Henry Smith)发现了,但是用'史密斯集'听起来不太吸引人,对吧?为了得到一个康托尔集,让我们从一个长度为1的线段开始,然后去掉它中间三分之一的部分。接下来,我们再去掉剩余两段中每段的中间三分之一的部分,不断重复这个过程。这样我们就得到了康托尔集(图1.6)。

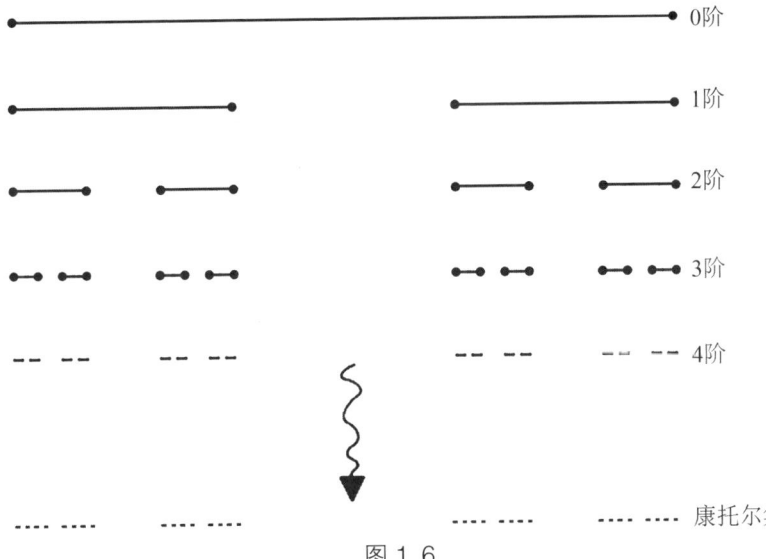

图1.6

通过不断删除线段中间三分之一的部分构建康托尔集。康托尔集的长度为0,但却包含无穷多个点

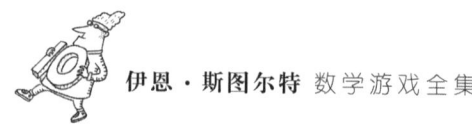

"亨利,我不明白。看上去这样就什么也不剩了。"

"实际上还是有剩的。首先,所有线段的端点都还保留着,从开始的两个端点到许多中间步骤的端点也保留了。不过在某种程度上,你是对的。这个康托尔集的长度是多少?"

"它两端的距离是1,亨利。"

"不,我指的是不计算空隙后余下的长度。"

"那我可毫无头绪。但在我看来,它非常小。这个集合大部分都是空隙。"

"是的,就像我们的小宝贝穿的破袜子。"

"你在批评我吗?我本打算明天就给它补袜子的!你这么说真是太过分了……"

"不,不,亲爱的,我绝对没有那么想。额,这个康托尔集,每一阶康托尔集的长度都是上一阶的 $\frac{2}{3}$,因此第 n 阶的总长度为 $\left(\frac{2}{3}\right)^n$。随着 n 趋于无穷大,这个值也就趋近 0——康托尔集的长度为零。"虫妈妈在计算器上算出了 $\frac{2}{3}$ 的前几次幂后,同意了虫爸爸的这个观点。

"尽管康托尔集大部分都是空隙,但它却有一个引人注目的性质。"亨利继续着长篇大论,"对于 0 到 1 之间的任何一个数,康托尔集中都存在两个点,它们的距离恰好等于那个数。呃……我不认为你想要看到一个证明,亲爱的,所以我们只需假设这个结果是正确的,好吗?好。现在,假设宝贝只能卷成矩形……"

"亨利,你非常清楚它是个虫宝宝,只能像虫子一样扭来扭去……"

"假设她刚刚玩了尾球,关节非常僵硬。"虫宝宝沃姆特德所就读的学校非常注重性别平等,男孩和女孩都参加尾球比赛。不过,虫妈妈还是反驳了虫爸爸的比喻。

"你非常清楚毛毛虫没有关节,亨利!"

"哦,天啊!假装它们有,好吗?就算你让我一次了!"

"好吧,既然你坚持。"虫妈妈让步说。

"谢谢。因为虫宝宝沃姆特德的长度为1,所以这个矩形的高度和宽度都在0和1之间。我可以在康托尔集中找到两个距离等于矩形高度的点,还有两个距离等于矩形宽度的点。现在,这个康托尔集就成了苏格兰格子毯!"

"康托尔可不是一个苏格兰名字,亨利!"

"好吧,那就叫麦克康托尔格子毯吧。我取一组单位长度的水平线按照康托尔集垂直间隔开;再以同样的方式取一组水平间隔开的垂直线(图1.7)。现在,在水平线集合中我可以找到两条间隔距离等于矩形宽的线,在垂直线集合中找到两条间隔距离等于矩形高的线——正如金尼(J. R. Kinney)在1968年就注意到的——这个麦克康托尔格子毯可以覆盖虫宝宝围成的矩形。"

"你是指周长,而不是矩形的内部?"

"当然。虫宝宝需要的毯子是能盖住它身体的,而不是盖住她所围出的矩形内部。"

"那不是一条毯子,亨利!那是一张网。"

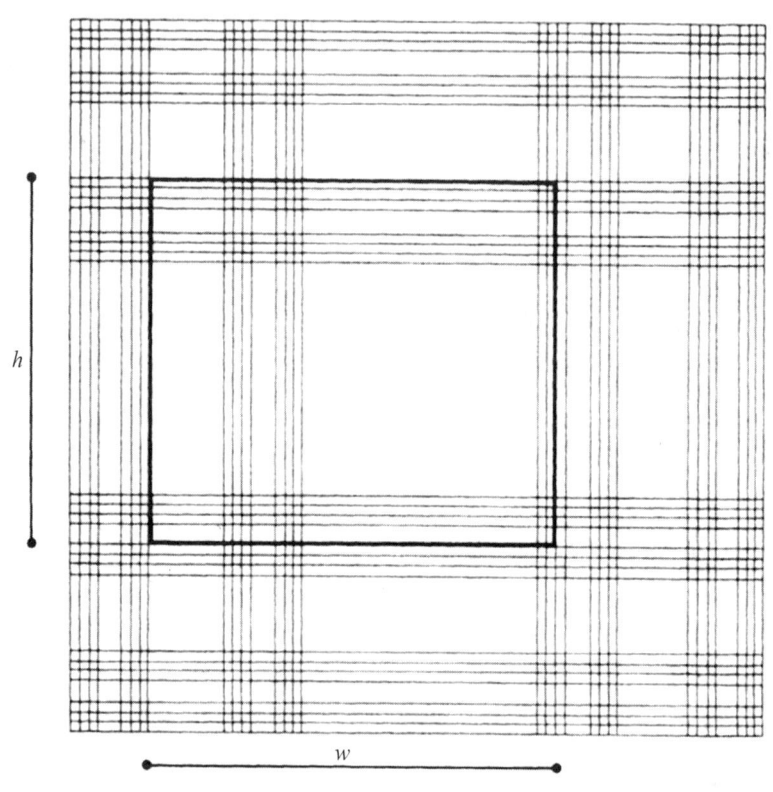

图 1.7

麦克康托尔格子毯实际上可以覆盖任何长方形,因为对于任意的距离 h 和 w,都能在康托尔集中找到相隔距离等于 h 和 w 的点

"如果你愿意,我可以把这一章重新命名为'鳗鱼宝宝的网'。但那样你的名字就不会被提及了。"

"别,别,亨利。我现在意识到它是一种多孔毯。"

"很高兴我们达成了共识。这个麦克康托尔格子毯的面积也为零。因为康托尔集的长度总是 0,所以无论是垂直方向还是水平方向的实际面积都是 $0×1=0$。"

虫妈妈安妮-莉达总结道:"所以,对于矩形的虫宝宝们来说,存在一种面积为零的毯子可以完全盖住它们的身体!多么奇特的结果!"她停顿了一下,"当然,那是因为矩形是非常特殊的。"

"既特殊,又普通。"虫爸爸亨利说,"我深入研究了虫妈妈的毯子问题,结果发现在 1970 年,沃德(D. J. Ward)就构建了一种面积为零的毯子,可以覆盖任何扭成多边形的虫宝宝。当然,那个毯子又丑又破,几乎都是洞。"

"这就让我越来越好奇了,亲爱的。对于我们家沃姆特德这样又光滑又圆润又灵活的虫宝宝呢,有没有这样的毯子?"

"实际上,在很长一段时间里,数学家们都在思考是否存在这样的零面积毯子,能够包裹住光滑的虫宝宝。但在 1979 年,马斯特兰(J. M. Marstrand)证明了没有面积为零的毯子能够覆盖所有的光滑虫宝宝。"

"太厉害了。他肯定是用了一些高难度的几何推理才能证明的。"

"我了解到,他的主要思路是使用完全有界度量空间的熵的概念,亲爱的。"

"有趣,亨利!给我详细讲讲吧。"

"呃……唔……我不认为你真的想知道,安妮-莉达,亲爱的。遍历理论是有点棘手的。"

"是你自己不懂,对吧,亨利?"

"嗯……确实如此。但无论如何,我们知道虫宝宝的毯子的最小

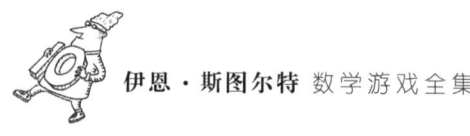

面积必须大于零。"

虫妈妈有时也颇有"打破砂锅问到底"的精神,她追问道:"我们真的知道吗,亨利?我的意思是,有没有一个面积为 1 的毯子满足要求,或者一个面积为 $\frac{1}{2}$ 的,一个面积为 $\frac{1}{4}$ 的,一个面积为 $\frac{1}{8}$ 的,以此类推,毯子满足要求——这个毯子的面积始终大于零但可以按我们的意愿越来越小?那么最小面积就等于零,但它并不对应一条毯子。"你能想象出一个符合这一情况的简单面积问题吗?我提示你一下:蚊子妈妈的帐篷。

虫爸爸被问住了,他开始思考"虫宝宝的睡袋问题",也就是将毯子问题推广到三维空间。还没有人研究过这个问题。在寻找解决办法的过程中你有取得什么进展吗?

无穷大与衔尾蛇

问 题

3. 蚊子妈妈正在制作一顶帐篷,这样女儿小蚊子就可以去露营了。小蚊子很小,就是一个点;她总是悬浮在离地面有一段距离的地方睡觉。帐篷必须能覆盖住她的头以防下雨,并且要延伸到地面以防止冷风。能满足这个要求的帐篷的最小面积是多大?

问　题

4. 在一个普通三维空间中,长度为1个单位的虫宝宝所需的睡袋的最小容积是多少?

答　案

1. 半径 $r = \frac{1}{2}$ 的圆，面积为 $\pi r^2 = \pi \left(\frac{1}{2}\right)^2 = \frac{\pi}{4}$，约等于 0.785。很简单！是的，但这只是热身问题。

2. 半径 $r = \frac{1}{2}$ 的半圆，面积为 $\frac{\pi}{8}$，约等于 0.393。

3. 蚊子妈妈的帐篷，这是一个面积最小化问题的例子，它有任意小的非零面积解，但没有零面积的解。

所以答案是，任何大于零的面积都可以满足要求，但是零本身不行。

为了理解这个问题，我们把蚊子宝宝想象为一个点 G，它位于平面上方一定距离——我们设这个距离为 1 个单位。于是，蚊子妈妈的帐篷问题转化为：边界位于平面上且通过点 G 的表面的最小面积是多少？考虑一个圆锥体（图 1.8），其底部是半径为 r 个单位的圆。然后,圆锥的表面积是 πr,我们可以通过选择足够小的 r 来使得该面积足够小。例如,如果 r = 0.000 000 001,则面积为 πr = 0.000 000 003 14…。

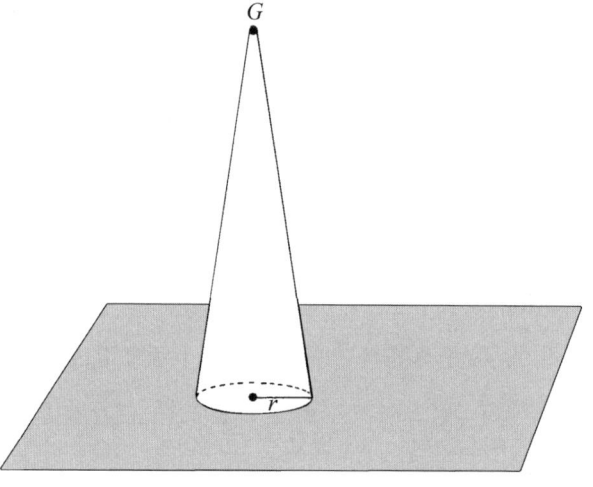

图 1.8 蚊子妈妈的帐篷:一个没有最小解的问题

但是要使面积为零,我们必须让 r = 0,然后锥体就变成了连接点 G 和平面的线段。但是线段不是一个表面!

这个例子说明了最小面积问题可能没有解:也就是说,不存在这样一个"最小"面积。

4. 虫宝宝的睡袋：您是希望最小化表面积还是体积？由您决定！通过类似的推理过程，你可以得出半径为 $\frac{1}{2}$ 的半球体，其体积为 $\frac{2}{3}\pi r^3$，约等于 0.262；其表面积为 $3\pi r^2$，约等于 2.356。不过，显然，这并不是最小的解，它仍有进一步缩小的空间。

第 2 章
醉酒的网球选手

又是新一年的网球赛季。

几周前的一个下午,我在当地的网球俱乐部和朋友丹尼斯打了一场比赛。他以 6∶3、6∶1、6∶2直落三盘获胜。比赛结束后,我们在酒吧喝啤酒。我的脑海中突然冒出了一个想法。

"丹尼斯,你为什么总是打败我?"

"我比你强,老伙计。"

"是的,你的确比我强,但不至于强**那么**多。我一直在记分,我取得了三分之一的分数。但我没有赢得三分之一场比赛。"

"让我们面对现实吧,你和我对阵,一场比赛也没有赢。"他猛灌了一口啤酒,"那是因为你没有赢得关键的分数,那些真正决定胜负的分数。我的意思是,还记得你在比分为 3∶2时以 40-30 领先吗?你本可以扳平比分,将比分变为 3∶3,可是你……"

"我发球双误了。是的,丹尼斯,我知道整个过程是怎么回事,但我认为我仍然赢得了大约三分之一的关键分!不,一定还有其他解释。"

"再喝一杯吧,这轮我请。等我,"丹尼斯说,"我马上回来。"他费力地站了起来,穿过人群向吧台走去。我听见他在嘈杂声中喊道:"埃尔西!两杯萨缪尔·史密斯的啤酒和一袋花生!"他左右手各拿着一杯酒开始往回走。人太多了,他每向前走一步都要向两边踉跄两步。

我突然明白了。

这就是为什么丹尼斯总是赢!

丹尼斯一坐下来,我就迫不及待地和他分享了我的顿悟。"丹尼斯,我想通了为什么你总是赢!我看着你从吧台回来,突然想到:**醉汉的蹒跚步!**"

"实际上,'蹒跚'更适合用来形容我那摇摇晃晃学走路的儿子。无论如何,我才喝了两品脱①,离'醉汉'还远着呢!"

我急忙向他保证,我的措辞并非针对个人。醉汉的蹒跚——也叫随机游动——是一个数学概念:一个点沿着一条线随机向左或向右移动,或沿一个方格,随机向北、南、东或西移动。1960年,波尔(Frederik Pohl)写了一个名为《醉汉漫步》(*Drunkard's Walk*)的科幻故事,他在故事中这样描述:

> 科尔尼清晰而深刻地记得这个概念。那时他是一名二年级的学生,他们的舍监是老韦恩,一个醉鬼,摇摇晃晃地从一个玩偶大小的灯柱处走了出来,迈着醉醺醺的步子朝随机方向走去。

---

① 英制容积单位,1品脱相当于0.5683升。——译者注

要模拟最简单的随机游动,你只需要一把 30 厘米的尺子和两枚硬币。其中一枚硬币充当标记,另一枚则充当随机数生成器。首先,将用作标记的硬币放在直尺的 15 厘米刻度处,然后抛掷另一枚硬币。如果硬币正面朝上,将标记硬币向右移动 1 厘米;如果反面朝上,将标记硬币向左移动 1 厘米(图 2.1)。

根据概率论,在 n 次移动后,标记硬币到中间的距离平均为 $\sqrt{n}$ 厘米(试试看!)①。尽管如此,你最终返回中间的概率是 1(一定会发生)。但是,平均需要无穷长的时间才能到达那里。随机游动是微妙的事情。如果你不是在直线上,而是在网格中随机游动,你仍然有 1 的概率返回中心;但在三维空间,返回中心的概率约为 0.35。在沙漠中迷路的醉汉最终会找到绿洲;但在太空中迷失的醉酒宇航员回家的概率大概只有 $\frac{1}{3}$。也许他们应该告诉外星人这个事实。

图 2.1　简易随机行走模拟器

① 标记硬币到中间的期望距离应该为 $\sqrt{\dfrac{2n}{\pi}}$。——译者注

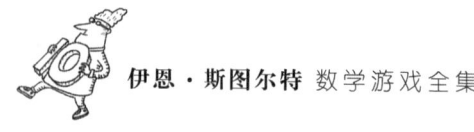

多年前,一个概率论学家告诉我,随机游动回家概率小于1的多维空间的最低维度是 $2\frac{1}{2}$,但我一直不太理解他的意思。

正如你所看到的,数学家对随机游动做了很多研究。随机游动非常重要。例如,人们用随机游动来模拟气体和液体中分子随机碰撞下的扩散。它也可以用来分析概率游戏。

比如网球。

丹尼斯认为网球与随机游动并无关联。

"但是确实存在联系,"我说道,"你不妨听一下我的解释。我们先从简单的情况开始。假设安格斯和芭谢巴轮流掷一枚硬币。如果正面朝上,则安格斯得一分。背面朝上,则芭谢巴得一分。如果安格斯领先芭谢巴三分,则安格斯获胜;如果芭谢巴领先安格斯三分,则芭谢巴获胜。如果在掷完十次硬币后没有人获胜,则比赛以平局结束。明白了吗?"

他又闷了一口酒,说:"这是什么无聊比赛啊,既不挑战脑力,也不考验体力。"

"好吧,大天才丹尼斯先生,让我来考考你,安格斯获胜的概率有多大?"

"一半一半?哦,不对。他们也可能打平。那就是三分之一的赢面。"

"按照你的逻辑,他可能赢、打平或者输掉比赛:你认为每种可能性都是相等的。就像掷硬币一样,要么正面朝上,要么反面朝上,或者是竖着立起来,所以硬币竖着立起来的可能性也是三分之一。"

丹尼斯听出来我在嘲讽他,不满地说:"好吧,聪明鬼。那他的赢面到底是多少?"

"我也不知道。"我说。

"哈!"

"但是如果你能把那个纸巾递给我,我可以算出来。"接着,我开始在纸巾上画图(图2.2)。

	0	1	2	3	4	5	6
0	1	1	1	1			
1	1	2	3	3	3		
2	1	3	6	9	9	9	
3	1	3	9	18	27	27	27
4		3	9	27	54	81	81
5			9	27	81	162	
6				27	81		

横轴:安格斯(0–6),纵轴:芭谢巴(0–6);右上区域"安格斯赢",左下区域"芭谢巴赢",右下角"平局"。

图2.2 安格斯和芭谢巴的掷硬币游戏

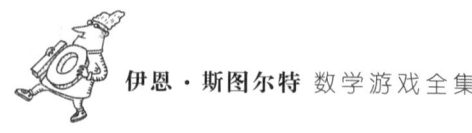

"那是什么?"

"我们用横轴来表示安格斯的得分,用纵轴表示芭谢巴的得分。他们的得分都从0开始。然后我将计算一下比赛到达每一格合法位置有多少种方法。接下来,我就数一下其中安格斯赢的局面有多少种。思路是这样,但我还要花点时间仔细算算。"

我把第一行和第一列的格子里都标上1。

"为什么都是1?"

"它的意思是说——让我来举个例子——安格斯要想取得3:0的比分,只有一种方法,即前三次掷硬币,他都赢了。"

"啊。"

"但是,有**两种**不同的方法得到1:1的局面。"

"我懂了。有可能是安格斯赢了第一次、输了第二次;也有可能是芭谢巴赢了第一次、输了第二次。"

"完全正确。换而言之,上一轮比赛有可能是1:0,安格斯赢,也有可能是0:1,芭谢巴赢——分别对应了1:1上方和左边的格子。这两个格子里都是1,我只需要把这两个数字相加即可得到1:1这个格子里的值。"

"我们用同样的方法计算比赛到达任何一个格子有几种可能的方法。以 $m:n$ 这个格子为例,这个局面的上一局要么是 $(m-1):n$,要么是 $m:(n-1)$,也就是这个格子上方和左边的格子。我们把这两个格子里的数值相加,写到 $m:n$ 这格里。当然,你必须逐一计算出每个格子里的值,才能得到结果。比如,我之所以知道可以在3:2的方格里填上9，是因为我已经在3∶1的位置上填了3，在2∶2的位置上填了6，明白吗？"

"明白了。"

"还有，如果一方已经赢得了比赛，就不纳入后续的计算中。因为比赛已经终止了。例如：3∶5这个格子中的数值，不是3∶4和2∶5的这两格的数字之和，因为在2∶5时，芭谢巴已经赢了，游戏结束。"

"有点复杂了，伙计。"

"胡说，你只要有条理地分析问题，并考虑游戏规则就行了。现在，如果安格斯与芭谢巴的比分是3∶0、4∶1、5∶2或6∶3，就是安格斯获胜，如果比分是0∶3、1∶4、2∶5或3∶6，就是芭谢巴获胜。这些格子我已经用加粗的边框把它们标记出来了。"

"那7∶4呢？"

"我说过游戏在第十次掷硬币后停止，这种情况会出现在比分为4∶6、5∶5和6∶4的时候。我会给这些比分也加上加粗的黑边框。好了！"

我们仔细看一下图2.2。

"安格斯有1+3+9+27种赢得比赛的方式。"丹尼斯说道，"也就是40种，他也有40种局面会输掉比赛，而却有324种方式达成平局。也就是说，一共有40+40+324＝404种可能性。因此，安格斯的赢面是$\frac{40}{404}$＝0.099 009 9，差不多是十分之一。我觉得这个结果有点不可思议，你一定是哪里弄错了。"

"不完全是,"我回答道。"**是你**犯了一个错误。一个和之前一样的错误:你假设每种情况是等可能的。但是因为比赛进行的回合数不同,它们的可能性是不相等的。"

我又买了两瓶啤酒,一边喝一边指出,概率论是建立在两个基本原则上的。

1. 要计算一组不同事件的概率,需要将各个事件的概率相加。
2. 要计算两个相互独立事件发生的概率,需要将它们的概率相乘。

举个例子,如果你投掷一枚均匀的骰子,那么得到 1 到 6 中每一个数字的概率都是 $\frac{1}{6}$,因为所有数字出现的可能性相等。得到 5 或 6 的概率是 $\frac{1}{6}+\frac{1}{6}=\frac{1}{3}$。但是,如果你投掷两枚骰子,比如一枚红色和一枚蓝色,那么红色骰子得到 5,蓝色骰子得到 6 的概率是 $\frac{1}{6}\times\frac{1}{6}=\frac{1}{36}$。

"要得到正确的答案,"我告诉丹尼斯,"你只需要应用这些规则。在每一次掷硬币时,安格斯和芭谢巴的获胜概率都是 $\frac{1}{2}$。所以每一步向右或向下移动一个方格,概率都要乘 $\frac{1}{2}$。安格斯以 3∶0 赢得比赛的概率是 $\frac{1}{2}\times\frac{1}{2}\times\frac{1}{2}=\frac{1}{8}$。他以 4∶1 获胜的概率不是 $\frac{3}{8}$,而是 $\frac{3}{32}$,因为比赛需要多进行两轮。所以,安格斯获胜的概率是 $\frac{1}{8}+\frac{3}{32}+$

$\frac{9}{128}+\frac{27}{512}=\frac{175}{512}$,大约是 0.3418。"

丹尼斯看起来很满意。

"我告诉你安格斯有三分之一的机会赢,"但丹尼斯接着又大叫一声,"好疼",因为我踢了他一脚。

"核对一下计算结果,丹尼斯,你会发现,芭谢巴获胜的概率同样是$\frac{175}{512}$,平局的概率是$\frac{324}{1024}$。我们把三个分数加起来,如果我没犯错的话,结果一定等于1。"

$$\frac{175}{512}+\frac{324}{1024}+\frac{175}{512}=1$$

"你是个天才。但是,这跟网球有什么关系?"

"这是一回事,只是规则不同。网球是按照'分—局—盘—场'来决定胜负的。为了简单起见,假设安格斯和芭谢巴打一场网球比赛。在每个单独的得分点上,安格斯要么赢要么输,芭谢巴要么输要么赢。首先得到4分的人记为胜1局。除非分数达到'三平',那样的话……"

"三平?三平?什么样的网球分数是三平?"

"平分。看,网球有这个令人难以置信的愚蠢记分系统,从15、30、40,然后一局获胜,而不是1、2、3、4。'40'实际上是'45',但是人们变懒了;我想一局实际上应该是60分,但是不知道什么原因就演变成了现在这样。"

"当比分达到平分时,这一局比赛会继续进行,直到某一方**领先两分**。"

37

"你可以用和我们掷硬币游戏一样的图来表示网球比赛。"我走到书架前,拿出一本关于网球比分的书,随机挑了一个。"看,这是1987年温网男子单打决赛的第二盘第五局。卡什(Pat Cash)对阵伦德尔(Ivan Lendl)。卡什先胜一盘,并且在第二盘中以3:1领先,只需再得一分即可获胜。伦德尔发球并输掉了这一局。下面是记分的过程(图2.3)。"

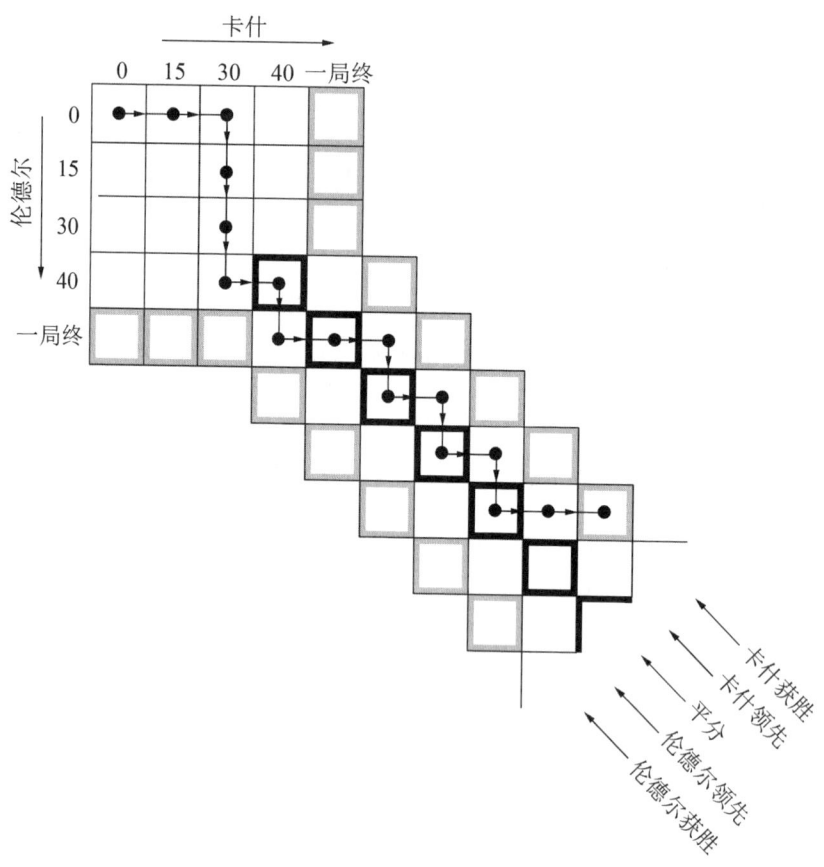

图2.3 卡什对伦德尔:伦德尔发球

"哦,我明白了。在决胜局中,这表格呈现出有趣的之字形。"

"在抢七局中也会遇到相同的情况,等会我将进一步解释。理论上,一场比赛可以无限延续下去。当然,这种情况发生的概率是零。"

"你可以用和掷硬币游戏一样的方式为方格分配数值:每个方格中的数字都等于其上方和左边数字之和,那些一方已经获胜的格子除外,这些格子只影响平分局面(图2.4)。"

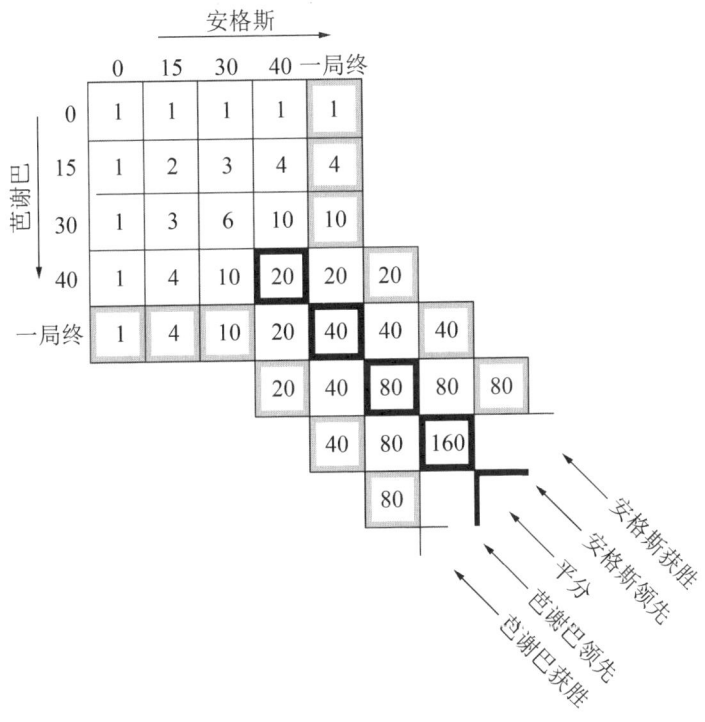

图2.4 网球比赛的组合问题

"当然,对于一位特定运动员他得分的概率不再是 $\frac{1}{2}$,越优秀的

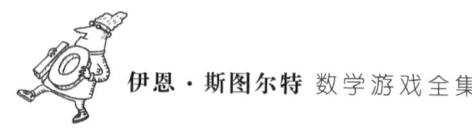

运动员,得分的概率越大,就像我们刚开始坐下时抱怨的一样。但为了简单起见,我将假设运动员在不同得分点的得分概率是相等的。"

丹尼斯开始抗议:"但是……"

"但是选手在他的发球局得分概率更大,是的,我知道这点。我们的确可以把发球方的优势纳入考虑的范围,但这样就会很复杂。所以我们在这里就简化一下。"

"所以,假设在任意得分点,安格斯得分的概率为 p,丢分的概率为 q,$q=1-p$。

"现在,水平方向向右移动一格,代表安格斯得一分,概率为 p,同理,竖直方向向下移动一格的概率为 q。例如,安格斯以局终-30 的比分获胜的概率是 $10p^4q^2$,因为局终-30 方格中包含数字 10,它水平方向往右有四个方格,竖直方向向上有两个方格。他赢得比赛的总概率是 $p^4+4p^4q+10p^4q^2$,再加上比赛进入平分局的情况。"

"平分局的计分方式稍微复杂一些。我们可以沿着朝右下的对角线看一下代表安格斯胜利的数字是如何变化的:10、20、40、80、160……每次翻倍。我们需要求一个无穷级数的积

$$10p^4q^2+20p^5q^3+40p^6q^4+80p^7q^5+\cdots$$

现在,这个无穷级数变成了:

$$10p^4q^2(1+2pq+4p^2q^2+8p^3q^3+\cdots)$$

不难发现,括号内是一个等比数列。"

"我在学校学过这个!"

"你还记得这个级数的和是多少吗?"

"不记得了。我从来没觉得那些东西有什么用。"

"当 $-1<r<1$ 时,$1+r+r^2+r^3+\cdots=\dfrac{1}{1-r}$。现在你明白这个公式有多有用了！老实说,我很吃惊你这么一个连等比数列如何求和都不知道的人,网球居然打得这么好。无论如何……括号里的每一项都等于前一项乘 $2pq$,所以括号中的表达式等于 $\dfrac{1}{1-2pq}$。再加上前面的 p^4+4p^4q,安格斯获胜的概率就变成了：

$$p^4+4p^4q+\dfrac{10p^4q^2}{1-2pq}$$

这个式子是不是很美！"

"美不美的,看个人审美吧?"丹尼斯说,"还是让我再给你买一杯啤酒吧。你算了那么久,一定口渴了。"他摇摇晃晃地站了起来,补充道:"至少我渴了。"

当他艰难地走回吧台时,我计算着与他对战的胜率。假设我每赢一分的概率是 $\dfrac{1}{3}$,那么就有 $p=\dfrac{1}{3}$,$q=\dfrac{2}{3}$,根据公式计算,我获胜的概率是 0.144,约为 14.4%。

"丹尼斯,如果我每个球的胜率是三分之一,那么我只有七分之一的概率赢得一场比赛！难怪你总是打败我！网球的规则放大了球员之间的差距。我打赌这个差距在考虑一盘和一场比赛的时候会更大！"

"很有可能,老兄。但是现在我们该回家了。"

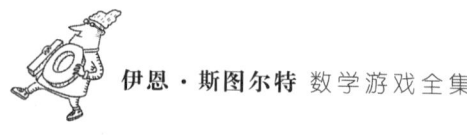

"为什么？我刚刚才……"

"酒吧要关门了。"

第二天早上，我在宿醉中计算一盘和一场比赛中的获胜概率。由于方法和之前的一样，所以我在这里只总结一下结果。

首先让我们回顾一下规则。

在男子单打比赛中，一场比赛最多由五盘组成。一名选手必须至少赢三盘，并且比对手多赢两盘或以上（比分3∶2时除外）。

要赢得一盘，选手必须至少赢六局，并且比对手多赢两局或者以上。如果比分是6∶5或者5∶6，这盘再打一局，如果比分变成7∶5或者5∶7，这一盘就结束了。如果比分是6∶6，那么就进行抢七局。但比赛的第五盘除外，第五盘采取长盘制，即直到有一方领先两局，比赛才会终止。

抢七局和普通局类似。然而，计分规则却是0、1、2，类似于盘中的局，而不是普通局中的分。要赢得抢七局，你必须至少得到7分，并且领先至少两分。

在引入抢七局规则之前，所有的盘比赛都会一直进行下去，直到有一方领先两局。1949年5月15日的一场双打比赛中，施罗德（F. R. Schroeder）和福肯堡（R. Falkenburg）在对阵冈萨雷斯（R. A. Gonzalez）和斯图尔特（H. W. Stewart，以上四位都是美国人）时，第一盘以36∶34分出胜负！而比赛最终比分为36∶34，3∶6，4∶6，6∶4，19∶17，整场比赛共进行了4小时45分钟。从这个例子你就可以看出规则为什么要改变了。

图 2.5 至图 2.8 展示了抢七局、有或无抢七局的一盘比赛,以及一整场比赛的图。相应的获胜概率公式显示在"一局、一盘、一场网球比赛的获胜概率"知识栏中。您可以看到它们是如何从图中推导出来的。大写的 P 表示"获胜概率",其后面括号内表示一局、一盘、一场比赛。如果比赛可以无限继续下去,公式中会包括一个无穷等比数列的和。

安格斯 →

	0	1	2	3	4	5	6	7	8	9
0	1	1	1	1	1	1	1	1		
1	1	2	3	4	5	6	7	7		
2	1	3	6	10	15	21	28	28		
3	1	4	10	20	35	56	84	84		
4	1	5	15	35	70	126	210	210		
5	1	6	21	56	126	252	462	462		
6	1	7	28	84	210	462	924	924	924	
7	1	7	28	84	210	462	924	1848	1848	
8							924	1848	3696	3696
9								1848	3696	7392
									3696	

芭谢巴 ↓

图 2.5 抢七局

	安格斯 →							
	0	1	2	3	4	5	6	7
0	1	1	1	1	1	1	1	
1	1	2	3	4	5	6	6	
2	1	3	6	10	15	21	21	
3	1	4	10	20	35	56	56	
4	1	5	15	35	70	126	126	
5	1	6	21	56	126	252	252	252
6	1	6	21	56	126	252	504	
7						252		

芭谢巴 ↓

抢七局

图 2.6 有抢七局的一盘比赛

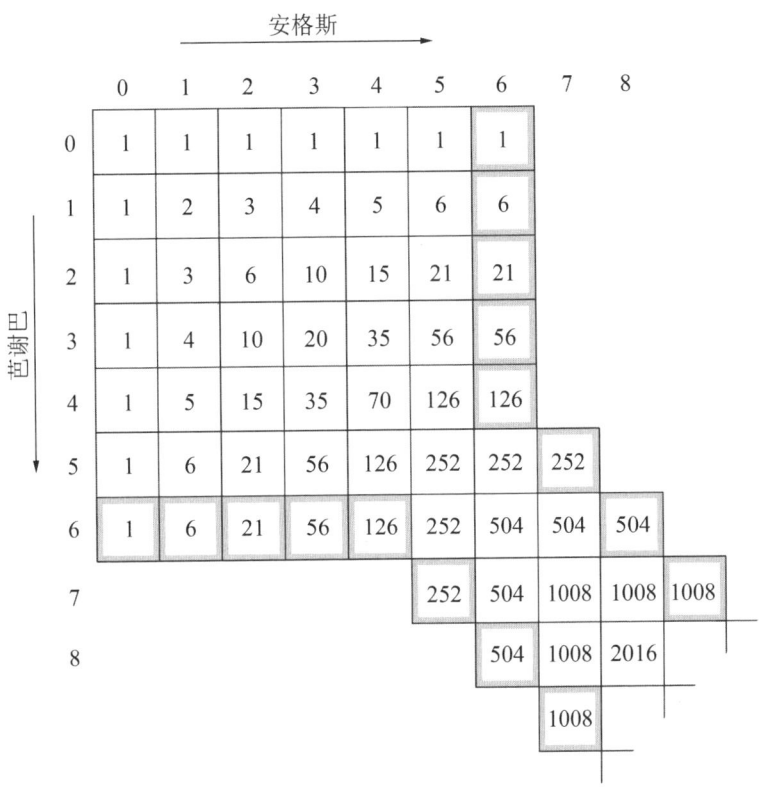

图 2.7 没有抢七局的一盘比赛

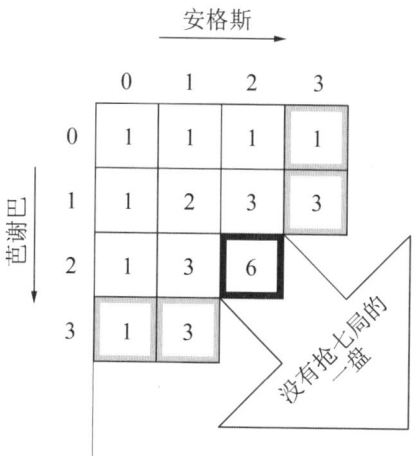

图 2.8 一场比赛

理论上,只要将所有公式组合在一起,那么你就可以写出整场比赛获胜概率的表达式。我已经在知识栏中用箭头表示了该怎么做:箭头指向的方框中的表达式就是 p,而用 1 减去它就得到了 q。我并没有实际执行这个过程,因为结果会非常庞大。每个公式中的 p 或 q 都是前一个公式的整个表达式,复杂得可怕。

一局、一盘、一场网球比赛的获胜概率

$$p^4+4p^4q+\frac{10p^4q^2}{1-2pq}$$

抢七局

$p=P$（分），$q=1-p$

$$p^7+7p^7q+28p^7q^2+84p^7q^3+210p^7q^4+\frac{462p^7q^5}{1-2pq}$$

有抢七局的一盘

$p=P$（局），$q=1-p$

$$p^6+6p^6q+21p^6q^2+56p^6q^3+126p^6q^4+252p^7q^5+504p^6q^6P（抢七局）$$

没有抢七局的一盘

$p=P$（局），$q=1-p$

$$p^6+6p^6q+21p^6q^2+56p^6q^3+\frac{126p^6q^4}{1-2pq}$$

整场比赛

$p=P$（有抢七局的一盘），$q=1-p$

$$p^3+3p^3q+6p^2q^2P（没有抢七局的一盘）$$

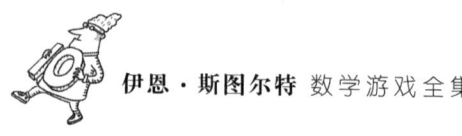

问　题

女子单打的规则略有不同,采用三盘两胜制,无论是 2∶0 还是 2∶1 都可以赢得比赛,但每盘都要进行决胜局。你能分析出女子单打比赛整场的获胜概率吗?

不过,你可以试试代入不同的 p 值,我在图 2.9 中展示了这个过程:假设你在每个得分点得分的概率都是 p,那么最终赢得这场男单比赛的概率则如左边的表和右边的图所示。

获胜概率	
得分点	整场比赛
0	0
0.1	0
0.2	10^{-22}
0.3	4.5×10^{-11}
0.4	4.4×10^{-4}
0.5	0.5
0.6	0.9995
0.7	0.9999
0.8	0.9999
0.9	1
1.0	1

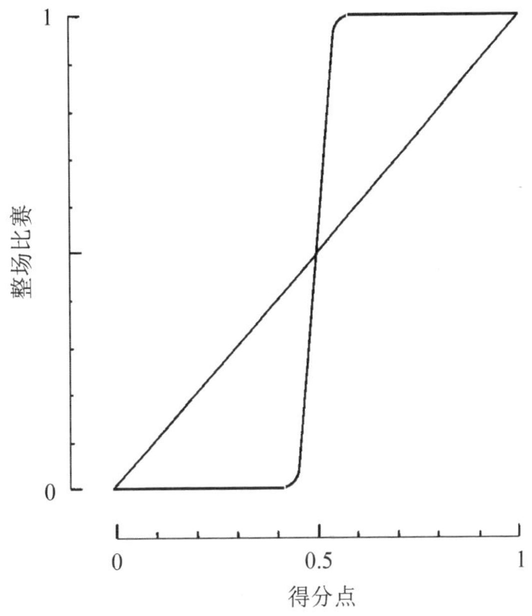

图 2.9　计算获胜的概率

第二天晚上我向丹尼斯展示了所有这些分析。

"为什么芭谢巴会打男单比赛?"他提出了异议。

"名字只是个代号,也可以改名叫鲍里斯,现在闭嘴,听我说。请注意,图形在两端非常平缓,但在中间却陡然上升。如果在每个得分点获胜的概率都超过 0.6,那么你赢得整场比赛的概率就接近 1。网球的规则对水平更高的一方比较有利。"

他迷茫地盯着我,啜饮着啤酒。"本该如此,对吧?我的意思是,

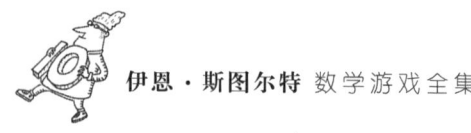

更好的球员应该有更大的赢面,对吗?"

"没错。"

"但是你说的这些都建立在这样一个前提上,即在每个得分点获胜的概率始终相同。这不太现实。"

"你指的是发球优势吗?"

"对!当一个球员发球时,他比接球者有更大的得分概率——当然除了在座的某人。"

"哼哼。"

"这说明发球局有多么重要。"

"我可以重新计算一下……"

"不用麻烦。我已经听明白了。你可以将概率论运用到网球上。"他夸张地跪在地上做求饶状:"我信了,我信了还不成嘛!"

我无视他滑稽的表演,说道:"但这可能很有趣……你看,记分系统对任何优势的放大意味着每个球员赢得他们的发球局的概率接近1——前提是他赢得1分的机会高于$\frac{1}{2}$,这往往会起到相反的作用,使比赛再次平分秋色!那支笔在哪里?"

"等一下。"丹尼斯说着,艰难地重新坐回椅子上。"在你用代数式写满整个桌布之前,回答我一个问题。根据你的理论,你击败我的概率是多少?"

"呃,好吧,"我说,"根据我的计算,如果在和你的比赛中我在得分点拿分的概率是$\frac{1}{3}$,那么我赢得比赛的概率是0.000 000 027,大约

是 $\dfrac{1}{3.7\times 10^7}$。"

"我现在觉得你的理论很好,"他说,"在我看来,它很完美。"

答　案

在女子单打网球比赛中，赢得一盘的概率为 p^2+2p^2q，其中 $p=P$(有抢七局的一盘)且 $q=1-p$。

当每个得分点得分概率为 p 时，整场比赛的获胜概率随 p 值变化而发生的改变如图 2.10 所示。

获胜概率	
得分点	整场比赛
0	0
0.1	10^{-29}
0.2	1.4×10^{-15}
0.3	8.4×10^{-8}
0.4	3.9×10^{-3}
0.5	0.5
0.6	0.9961
0.7	0.9999
0.8	0.9999
0.9	1
1.0	1

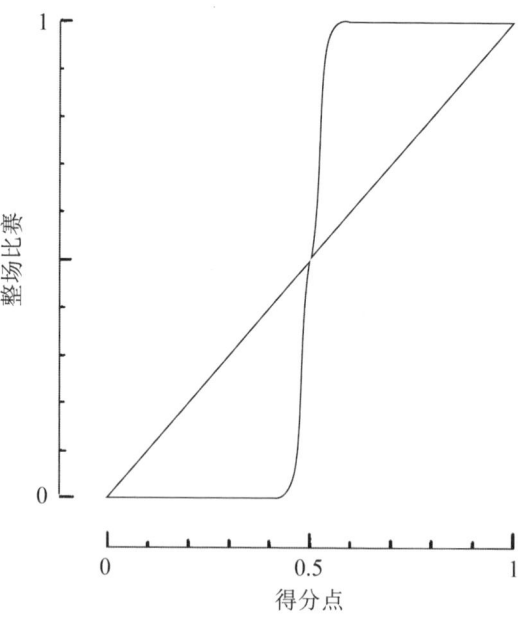

图 2.10　女子单打比赛的获胜概率

第 3 章
无限信息实验室

电话响了,是《为了科学》的编辑布朗热打来的。他说:"这个月的专题是大型计算机系统。我希望你为'计算机消遣'撰写一篇相关文章。"

我抗议道:"'计算机消遣'?我的专栏是给那些没有计算机、不想要计算机,甚至可能厌恶计算机的人们看的。"

"我知道你能做到的,"他说,"截稿日期是下周四。"说完他挂断了电话。

我慌乱不已,冷汗连连,我需要帮助,最好是请教一个专家,而且要快。这时,我灵光一闪——我可以立刻去拜访我的老朋友邦尼杜,他在塞尔米贡迪斯公司位于克卢兹莫波迪翁市的研究总部工作。不过,想要拜访他可并不像你想象的那么容易,因为克卢兹莫波迪翁市位于奥姆比利库斯星球上,距离地球十亿光年(十亿光年又几十米),在猎户座的右眼方向。不过,在我花园的一角(树莓灌木丛后面)有一个时空扭曲通道,可以直接通往奥姆比利库斯星球。我第一次见到邦尼杜博士,就是因为我在除草时掉进了这个时空扭曲通道中。因此,确保邻居们没有在看的时候,我穿越了过去,并搭乘一辆经过

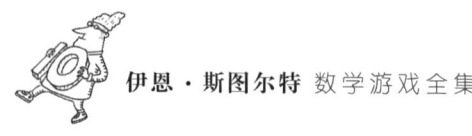

的布龙特龙车抵达了塞尔米贡迪斯公司。

"大型计算机系统?"邦尼杜问,"我可以告诉你很多。但是我不能……"

"你可以,但你不能?"

"这属于最高机密,政府机密工作,"他凑近了一些,"类星体战争合同。"他低声说道,"保密级别太高,我连自言自语时都不能谈到它。"

"但是,"他补充道,"你算是走运了,我有一些疯狂的想法,还没有告诉安全局。**大型**计算机系统?我可以告诉你,没有比我正在计划的更大的了!跟我来!"

他领着我走进一个走廊,来到一个小小的房间。房门上挂着一个牌子,只有一个符号:∞。也许这是 8 号房间,只是门牌不知怎么歪了。但我觉得事情没有那么简单——我曾经在哪儿见过这个符号。

邦尼杜神秘兮兮地对我说:"这是无限信息实验室。"

无限……我明白了!那是无穷符号!但是究竟什么是无限信息学?我很快就要知道了。

我们走了进去。他打开一个抽屉,拿出一段约 5 毫米宽的黑色塑料。侧面有两排金属脚。这东西很长,我能看到的部分大约有一米,其余就隐没在抽屉深处,看不到了。

"这看起来像是集成电路芯片,"我说,"但更长。"

"长得多,"他说,"你看到的是邦尼杜无限线性 RAM 芯片

（BILRAM）的一端，它是一种计算机内存，具有无限多个位置，每个位置都能以电信号形式存储一个二进制数字。如果某个给定位置存在电信号，则该位的电信号为 1，否则就是 0。由 0 和 1 组成的序列可以编码任何信息，所以 BILRAM 可以存储的不仅仅是宇宙中的所有信息——它可以存储无限多的信息！"

"我明白为什么这个芯片的绝大部分都隐藏在抽屉里了。"

"嗯，是的，它相当笨重。我必须将它存储在一个无限的泛维压缩域中，但不用担心技术细节。"

"电信号从一端传送到另一端需要很长时间吧？"我问道。

"严格来说，它只有一个端口，就是我握着的这一端。另一个'端口'延伸到无穷远处。但是，是的，需要无限长的时间。"

我指出这个 BILRAM 并不实用。邦尼杜表示同意，但又指出 BILRAM 还是非常有趣的。它不需要电源。

我感到不可置信："那能量守恒定律呢？"

"不适用，"他轻描淡写地说道，"对于一个无限系统不适用。让我解释一下。BILRAM 是由硅制成的，它是一种半导体。它的存储位置通过电力工作。电力来自电子。现在，如果你从半导体中移除一个电子，物理学家称之为**空穴**。"

"假设 BILRAM 的初始状态是每个存储位置都包含一个二进制 0，也就是没有电子。同时也没有空穴，也就是说它是中性的。明白吗？"

"当然。"

"很好。现在,我通过从位置 2 借一个电子,在位置 1 创建一个电子。"

"但是这会在位置 2 留下一个空穴!能量是守恒的!"

"你说得太早了,孩子。因为我还同时从位置 3 中带走一个电子并将其放置在位置 2 中。这样就填满了位置 2 的空穴,但这当然在位置 3 中又产生了一个空穴,我又从位置 4 借了一个电子。假设我重复无穷多次借电子这个动作。对于每个整数 $n = 2, 3, \cdots$,我都从位置 n 中移除一个电子,并将其放置在位置 $n-1$ 上(图 3.1)。这样一来,我就可以得到什么?"

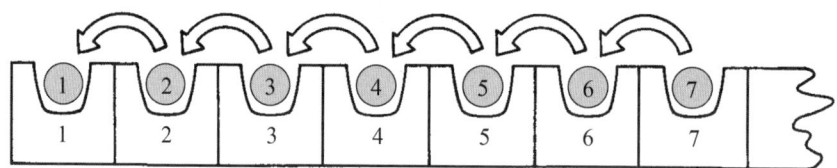

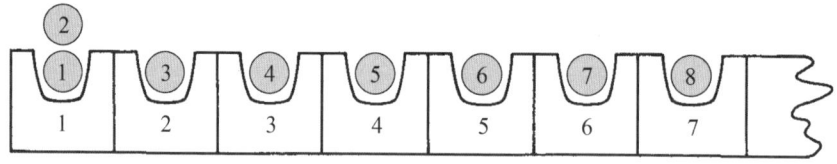

图 3.1

电子-空穴对是电中性的。如果电子(黑色)在一个无限的空穴系统中移动,就有可能违反能量守恒定律"无中生有"创造出自由电子

我思考了一下:"你在位置 1 得到一个电子。其他位置都失去了一个电子,但同时又得到了一个……所以其他位置还是中性的。但是,"我补充道,"当然,你还是在无穷远处产生了一个空穴。"

"并不会。"他说,"'无穷远'永远也到不了。每个位置对应一个**有限**的 n 值。我只是在位置 1 放了一个电子,而其他一切与开始时一样。'无'中生'有'! 这只是关于无限的悖论之一。而且不止如此。想象一下,一个 BILRAM 完全被无限量的信息填满……"

"嗯? 你怎么可能有无限量的信息?"

"比如,一份写着所有素数的列表? 你当然可以有无限量的信息! 我这个实验室里就有一个存满信息的 BILRAM,我管它叫伽利略文件(图 3.2)。我打赌你猜不出里面是什么! 不过,假如你有一个被完全填满的 BILRAM,而你又想添加一条信息,你怎么办?"

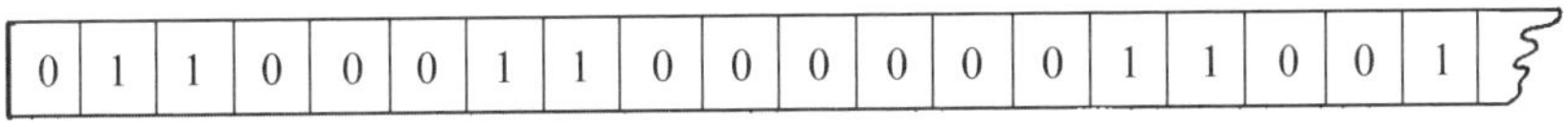

| 0 | 1 | 1 | 0 | 0 | 0 | 1 | 1 | 0 | 0 | 0 | 0 | 0 | 0 | 1 | 1 | 0 | 0 | 1 |

图 3.2

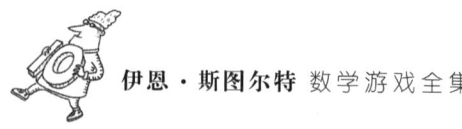

问　题

如图3.2所示,这个伽利略文件的开头,包含着无限量的信息,这个文件列出了什么信息,它的编码方式是什么?

"你什么也做不了！如果芯片已经满了，没有空间了！"

"在一个无限的芯片上是可以的。忘了电子吧，想想这些孔洞是如何移动的。"我开始思考。假设你有一个二进制数字列表101100011000…，但是你在最前面漏了一个1，已经按顺序01100011000…将它们写入了BILRAM中，末尾没有空间来容纳缺失的1，因为BILRAM没有末尾！当然啦！孔洞去哪里了？这是电子把戏的反向操作！"将所有信息后移一个位置，"他说道。"位置1的信息移动到位置2，位置2的信息移动到位置3，以此类推，这样位置1就空出来可以放新的信息了（图3.3）。"

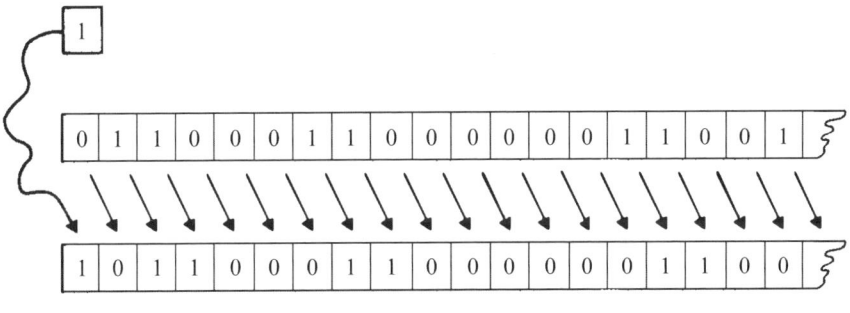

图 3.3
为了在满载的伽利略文件的最前面添加数字1，只需将每个数字后移一位

"对，所以无穷大加1还是无穷大。"他在便签上写下"∞ +1 = ∞ 。""无限的诸多悖论之一——整体可以与局部相同。但是让我们继续。如果我们有**多条**新信息要添加呢？"

"继续后移所有数字——后移很多次。"

"太棒了！这证明了如果无穷大加一个有限数，还是无穷大，对吗？"

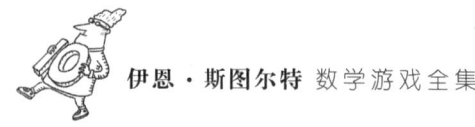

"我想是吧……这完全取决于你对'加法'一词怎么定义。"

"你开始谨慎对待无限了。我喜欢这样。毫无疑问,你现在可以弄清楚如何将无限数量的新信息添加到一个存满的 BILRAM 中去。"

"把信息向后移无穷多个……哦,不,它在无穷远处掉下来了。"

"但是在无穷没有尽头啊。"

"即使没有尽头,但它仍然会掉下来,"我固执地说,"如果你将信息移动无限次,你将会失去所有信息。"

"没错。"

"所以,你不能这样做。"

邦尼杜嗤笑道:"那么无穷大加上无穷大会得到更大的无穷大?"

"没错——哦不对!好吧,现在我彻底糊涂了!无穷大是最大的存在。你不能有**两种**不同大小的无穷大。"

他故作悲伤地摇了摇头:"你又错了。你们地球上的数学家康托尔要被你气得从坟墓里跳出来了。不过,这不是我要说的重点,我要说的是,要给一个已经满了的 BILRAM 加上无限量的信息,你只需要将位置 n 上的内容移动到位置 $2n$ 上。这样就释放出了所有奇数位置——无穷多个位置。"

"就像洗牌一样!"我兴奋地说道(图 3.4)。

"这个比喻非常形象!是的,如果你将两副无穷多张的牌洗在一起,你得到的只是一副牌,和开始时的两副牌中的任意一副一样大。所以 $\infty + \infty = \infty$,这和你的预测是一致的。"

"你甚至可以容纳无穷多组无限信息。你开始看出 BILRAM 的

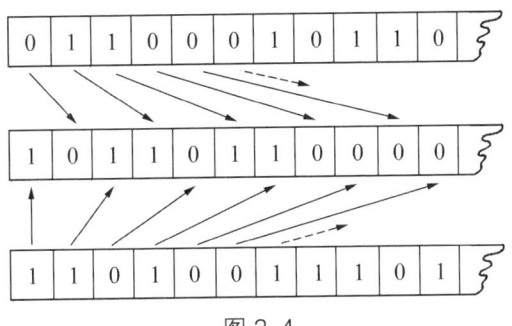

图 3.4
用类似于洗牌的方式将两组无限集合整合在一起,可以得到一个同样大小的无限集合

好处了吧!一个永远不会满的内存——或者更准确地说,如果满了,你只需要移动其中的内容就可以'无中生有'创造新空间!"

我指出所有这些需要无限长的时间才能发生。"你问我的是'关于**大型**计算机系统的问题',"他咧嘴一笑,回答道,"不是高速计算机。"随后,他又笑着补充道:"当然,如果我能在一秒钟内完成第一次移动,半秒钟内完成下一次移动,以此类推,那么两秒钟后这项工作就完成了!"

"荒谬。你的移动速度不可能超过光速。"

他狡黠地看着我:"那你是怎么从离这儿几十亿光年(又几十米)的地球过来的呢?你甚至都没带一块三明治作为旅途干粮。"

我脸红了:"好吧……时空扭曲除外……"

"我来讲讲其中一个办法——我正在致力于改进无限内存的设计,从而完全避免这个问题。"他打开另一个抽屉,拿出了一个草图(图 3.5),自豪地说:"这是'经典版内存芯片'。让我提醒你芯片制造的两个基本原则,一是重复。二是光学缩小。不难发现,该设计由无数个相同的基本单元无限重复组成,但尺寸不断缩小。当然,每个基本单元就是一个单独的内存位置。"

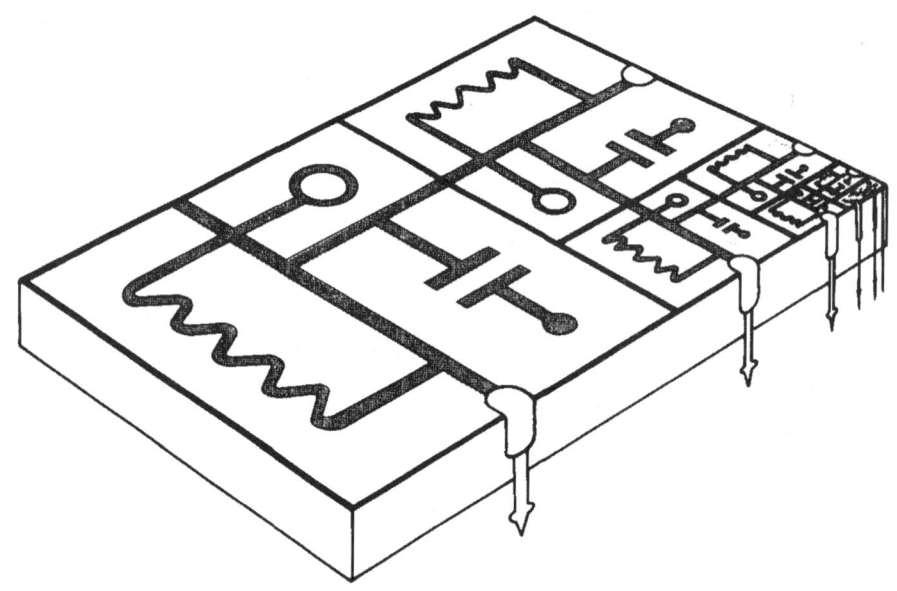

图 3.5 经典版内存芯片,其中相同的存储单元被无限次重复

邦尼杜发明了一种新的无限变焦相机,可以将照片缩小到任意尺寸——无论多么小都可以。他的基本存储电路占一个正方形。他通过使用边长为黄金分割比 φ 的矩形芯片解决了在芯片上有效地容纳无穷多个正方形的问题。如果从这样的矩形上拿走一个正方形,那么剩下的矩形与原矩形形状相同。我们可以从中计算出黄金分割比 φ 的确切值,$\phi = \dfrac{1+\sqrt{5}}{2} = 1.618034\cdots$。

邦尼杜自豪地说:"这种设计确保了如果移除一个内存位置,芯片的剩余部分与整个芯片完全一样,只是缩小了尺寸。我的新递归摄影技术……哎呀,它们都是机密的,别提了。不管怎样,由于总尺寸是有限的,光速也不再是一个限制因素。而且,这是目前唯一一款可以随心所欲缩小尺寸——因而也能随心所欲提高速度的芯片——只需要切掉一小块即可。"

我不得不承认:"真令人印象深刻。"但我随即又想到一个问题:"当单位尺寸小于原子大小时会发生什么?它还能工作吗?"

他说:"我也会将原子缩小。"

"这里有人需要心理医生。"

他回答说:"我承认,我在制造一种无限分辨率的照相胶片过程中,确实遇到了些许麻烦,不过我肯定会有办法解决。"他把设计草图放回了抽屉里。"而且,当我找到方法时,我还将能制造出无限精准的数字手表,它显示的时间能够精确到小数点后无限位,使用黄金矩形液晶显示屏,几乎可以……"

我试图转移话题,好让他别那么激动:"我知道一个关于无限机器的谜题,"我说道,"想象一下一盏灯的开关,你把它打开,一秒后你关闭它,半秒钟之后你再次打开它,再过四分之一秒,你将其关闭,如此继续下去。开—关—开—关,速度越来越快,每次只需前一次的一半时间。两秒钟后,你已经开—关这盏灯无限次了。明白吗?"

"我明白了。"

"我的问题是在两秒钟之后,灯是亮还是灭?"邦尼杜的脸上终于露出困惑的表情,他犹豫了一下。过了一会儿,他说:"灯是灭的。"

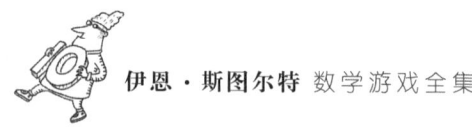

"为什么呢?"

"因为如果你这么快地开关灯,会烧掉保险丝。"

我试图踢他,但他躲开了。"嘿!"他一边退到工作台的另一面,一边说,"你给了我一个绝妙的主意。计算机只是开关的组合。我可以设计一个像灯的开关一样的计算机!就叫 BUNNYRAC 好了——邦尼杜快速加速计算机!你知道在有限的时间内执行无限次计算的计算机能有多强大吗?"

"好吧,比克雷公司生产的超级计算机要强大得多……"

"你随便说一个未解的数学之谜,随便哪个都行。"

"呃,哥德巴赫猜想。每个偶数都可以表示为两个素数之和。这一猜想是哥德巴赫(Christian Goldbach)于 1742 年 6 月 7 日在写给欧拉(Leonhard Euler)的一封信中提出的,并且至今仍未解决。"

"没问题,就它了。在 BUNNYRAC 上,你可以通过试错法来证明或证否哥德巴赫猜想。在第一秒钟,你尝试了所有将 2 表示为两个素数之和的方式,得到 2 = 1+1,当然。"

"但 1 不是素数。"

"虽然数学界现在已经把 1 排除出素数范围了,但在哥德巴赫的时代它还是素数。否则他的猜想显然是错误的。别舍本逐末了!我说到哪儿了?哦,对了……在第一秒钟,你测试了数字 2 是否是素数之和;在接下来的半秒钟里,你测试数字 4;在接下来的四分之一秒里,你测试数字 6;在下一个八分之一秒里,你测试数字 8,以此类推。经过两秒钟,你已经测试了所有可能的偶数!要么你证明了哥德巴赫猜想,要么你找到了一个证明它错误的例子。一个绝对可靠的方法。"

"哇！现在我很兴奋了。你可以用这种方法解决其他问题！费马大定理，当整数 $n>2$ 时，$x^n+y^n=z^n$ 没有正整数解。[①] 你只需逐个尝试所有的 n，速度会越来越快！你可以通过计算 ζ 函数的无穷多个零点来证明或证否黎曼假设！你可以找出是否存在无穷多个孪生素数——相差2的素数，如19和17——通过测试每一对可能的素数！你可以……"

"胆子放大点，你还是没能理解无穷大到底有多大。使用BUNNYRAC，你可以在两秒钟内证明**数学中每一个可能的定理**。"

"什么？"

他叹了口气。"想要证明定理，你得从公理——也就是被认为是不证自明的一些基本假设——开始，然后应用一些演绎规则。这就是证明。由于存在着无数个可能的证明，因此也就存在无数个可能的定理；但是只有有限个定理的证明过程其长度是给定的。这就意味着你可以将所有可能的证明按顺序排列，并用越来越快的速度在有限的时间内一一验证它们。"

我说道："这可真是既离奇又可怕。这将使数学家们全部失业！"我知道潘多拉打开那个盒子时肯定有同样的感觉。

不过，邦尼杜从工作台后面转出来，轻轻地坐在凳子上，安慰我道："别担心，还有一些问题要解决。你觉得一个人读完 BUNNYRAC 打印出来的所有可能定理的列表需要多长时间？"

---

① 1994年，英国数学家怀尔斯证明了费马大定理。——译者注

答　案

伽利略文件:0110001100000011001……包含什么信息,并且信息是如何编码的?文件名是一个线索,我稍后会解释。答案是"所有平方数的列表。这些平方数是用二进制表示的,并且编码方式如下。一个由 n 个 0 组成,以 1 结尾的序列表示"下一个平方数的长度为 n",然后紧跟着平方数本身;之后,另一组以 1 结尾的 0 序列会指示下一个平方数的长度。(这些形如 00…01 的序列的存在是为了方便你知道列表中特定条目的起始和结束位置。)所以这个文件

解码后是：　　01　下一个平方数是 1 位数

　　　　　　　1　是 1

　　　　　　0001　下一个平方数是 3 位数

　　　　　　100　是 4(二进制)

　　　　　　00001　下一个平方数是 4 位数

　　　　　　1001　是 9(二进制)

以此类推。

文件名的含义是什么？在伽利略的《数学论述与证明》(*Mathematical Discourses and Demonstrations*)中，睿智的萨尔维亚提(Salviati)指出"对于每个平方数都对应着它的根"，也就是说，完全平方数的数量与整数的数量完全相同——尽管大多数整数不是平方数！这又是一个关于无穷大的悖论。

第 4 章
自噬的乌洛波洛斯

- **古**埃及神话里的衔尾蛇
- 炼金术的符号
- 凯库勒(Friedrich August Kekulé)发现的苯环
- 拥有千年历史的印度音乐节奏理论
- 柯尼斯堡的七座桥
- 电话电路理论
- 金星的雷达地图

上面列出的这些东西有什么共同之处吗,还是只是几种随机事物的组合?

它们不是随机的组合。它们确实有一些共同之处——但你永远也猜不到是什么。

线索在这里——它们的共同之处是梵文中的一个无意义的词:yamátárájabhánasalagám。

1960年左右,加州大学戴维斯分校的数学家斯坦(Sherman K. Stein)发现上面提到的这些事物有一个奇特而有趣的共同之处。下面我所要介绍的内容,大部分来自他的著作《数学:人造宇宙》

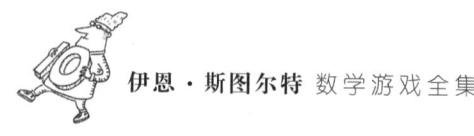

(*Mathematics: the Man-Made Universe*)第8章。不过,在这里,我将稍加引申,并添加些许新内容。

古埃及神话中,有一条衔尾蛇乌洛波洛斯(Ouroboros),它把尾巴放进嘴里并不断地吞噬自己。它在中世纪被用作炼金术符号。化学家凯库勒在梦中看到了衔尾蛇乌洛波洛斯后,提出了苯分子环结构。古印度的音乐理论中,也有类似"吃尾巴"的概念。数学家们也运用了这一理念,例如欧拉以此思想解决柯尼斯堡七桥问题。研究结果被用于电话信号传输和雷达测绘等。

请听我慢慢道来。

这个概念很奇特,也很有趣,它还涉及了一些娱乐数学,引出了不少悬而未决的数学趣题,数学爱好者们(即使是业余的)不妨一试。

斯坦从作曲家珀尔(George Perle)那里知道了 yamátárájabhánasalagám 这个词,珀尔告诉他这是一个用来记忆节奏的词。对于节奏记忆而言,重要的是音节的重音位置,而不是元音和辅音。珀尔这样解释道:"当你发音时,你会扫过所有可能的短音和长音的三元组。前三个音节,ya má tá,是短音、长音、长音。第二个到第四个是 má tá rá:长音、长音、长音。以此类推。"有 8 个不同的长音或短音的三元组,你可以自己验证一下,每个三元组在这个无意义的单词中正好出现一次。

斯坦用数学语言"编译"了这个单词。他用 0 表示短音,用 1 表示长音,这样,这个词就变成了 0111010001。

我盯着这一简化后的字符串看了一阵,注意到了一个有趣的地方——开头两个数字与最后两个数字相同;如果我把字符串弯成一个环,它看起来就像一条衔着自己尾巴的蛇(图 4.1)。斯坦将其称为"**记忆轮**",因为你可以从任何位置开始,通过每次点击移动一个空格,生成所有可能的由 0 和 1 组成的三元组。

```
…0 1 1 1 0 1 0 0…
   0 1 1
     1 1 1
       1 1 0
         1 0 1
           0 1 0
             1 0 0
               0 0 0
                 0 0 1
```

让我们给它取一个更酷炫的名字,就叫它"乌洛波洛斯环"好了。

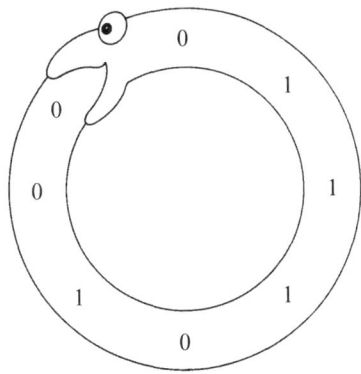

图 4.1　乌洛波洛斯环包含所有由 0 和 1 组成的三元组

数学家都难免追问:有没有由 0 和 1 组成的四元组乌洛波洛斯环?有没有由 0 和 1 组成的五元组? n 元组?添加一个数字 2 呢?大量的类似问题在数学家脑海中闪现。

然后,一个更简单的问题出现了。成对呢?你能不能找到由 0 和 1 组成的长度为 4 的序列,当把它写成一个圆圈时,包括所有可能的

00、01、10、11？试试看，这不难。当你解决了这个问题，你可以扩展到第二道热身题：试着找到一个包含所有 16 种四元组的环。再往下读。

第一个问题的乌洛波洛斯环是 0011（图 4.2）。它本质上是独一无二的，因为所有其他的解（0110、1100、1001）都可以由 0011 旋转得到。所以当你将它们画在乌洛波洛斯环上时，它们看起来是相同的。

满足第二个问题的乌洛波洛斯环呢？斯坦发现了一个：1111000010100110。

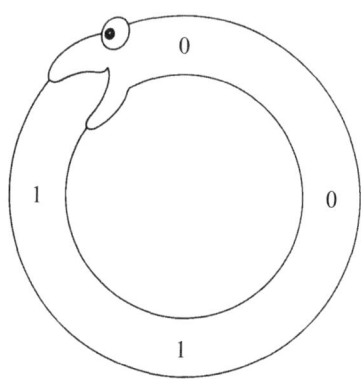

图 4.2　包含所有 0 和 1 的成对组合的独一无二的乌洛波洛斯环

这时，斯坦确信了存在包含由 0 和 1 组成的 n 元组的乌洛波洛斯环。斯坦试图论证这个猜想，尽管他有非常聪明的想法，也没能成功。但他随后发现，古德（I. J. Good）在 1946 年的一项数论研究中遇到了这个问题——并解决了它。

古德的主要兴趣在于寻找一个无穷的 0 和 1 组成的序列，在这个序列中，每个可能的六位数字出现的频率都相等。古德的方法更具有普适性。他运用技巧，将问题转化为欧拉（史上最多产的数学家之一)早在1735年就已经解决的"柯尼斯堡七桥问题"。欧拉的这一问题也是拓扑学的奠基石之一。尽管这个问题非常有名,但我还是要在这里复述一下。至于后续演变出来的柯尼斯堡道路系统的历史对我们的故事也很重要,但就不那么出名了(可能是因为这个问题是我刚刚发明出来的)。

"在柯尼斯堡镇,"欧拉写道,"有一个叫内福夫的岛,普雷盖尔河的两条支流环绕着它,河上共有7座桥[图4.3(a)]。"问:是否存在这样的路线,使得一个人可以不重复、不遗漏地走过每一座桥?

你可能想尝试解决这个问题。很快,你就会发现,这个问题无解。

欧拉进一步研究了这个问题。他不仅证明了这个"七桥问题"无解,还提出了任何同类问题存在解的一般条件。

欧拉是怎么证明的呢?他将每个陆地用一个点代替,将每座桥用连接相应点的线代替,得到一个准确反映连接拓扑关系的图。图4.3(a)右就是该拓扑图。那么,这个问题就变成了:你能否在图上画出一条路径,确保经过每条边一次且仅有一次?

欧拉说假设存在这样一条路径。除了它的两端,每当它从一个方向到达一个点时,它就从另一个方向离开。因此,与每个点相交的边数都是偶数,而在首尾两端(起点和终点)则可能是奇数。

然而,对"七桥问题",与点相交的边数是3、3、3和5:全都是奇数。因此,不存在不重复、不遗漏地走遍这七座桥的路线。

这给出了一个完整路径的必要条件:最多只能有两个点上有奇

数条边。同时,欧拉也证明了这是一个充分条件:如果最多有两个点上有奇数条边,那么路径就存在。如果存在两个奇数条边的点,那么路径就必须以这两个点为起点和终点;如果不存在奇数条边的点,那么路径可以从任意点开始,并且它还可以成为一个环路,从一个点开始并回到该点结束。这个证明并不特别困难,但需要一些前置性的证明,所以我就不在此展开了。

在欧拉完成了七桥问题证明的几年后,柯尼斯堡日渐繁荣,于是政府又修建了一座桥来改善交通[图4.3(b)]。这样一来,每个点对应的边数就变成了6、3、4、3——只有两个数是奇数,所以根据欧拉定理能够找到一条路径。该路径必须从北岸开始,并在南岸结束,反之亦可,见图4.3(b)。很快,柯尼斯堡的居民们不再走这条著名的路线,而是在每周日午饭后开车绕着这条路线转。

为了应对日益严峻的交通问题,政府决定将这些桥设为单向通行[图4.3(c)]。有几位知名市民因为按照图4.3(b)所示的路线行驶,没有注意到在最后一座桥逆向行驶而被罚款。他们开始怀疑是否存在一条合法的路线,结果发现欧拉早已考虑到了这个情形。

单向系统对应一个有向图,即每条边上都标有箭头,必须按照箭头方向遍历。欧拉又问,如果存在这样一条路线会怎样?那么,在除了两端以外的每个点,路径必须有"进"有"出",且进入一个点的边数必须与离开这个点的边数相等。在两端,则起点是离开的边数比进入的边数多1,而终点是进入的边数比离开的边数多1。这些条件对遍历路线也是充分的,如果所有点进入的边数和离开的边数相等,那么就可能形成一条环线。

不难发现,图4.3(c)不满足欧拉的条件。实际上,一旦你穿过最左边的向北的桥,就会有两座向南的桥。你只能经过其中一座,永远无法回来经过另一座。这影响了居民们的周日兜风。在向市政厅递交了一份请愿书后,这个系统被改成如图4.3(d)中的方案,这样就满足了欧拉的条件。

现在回到乌洛波洛斯环的问题。

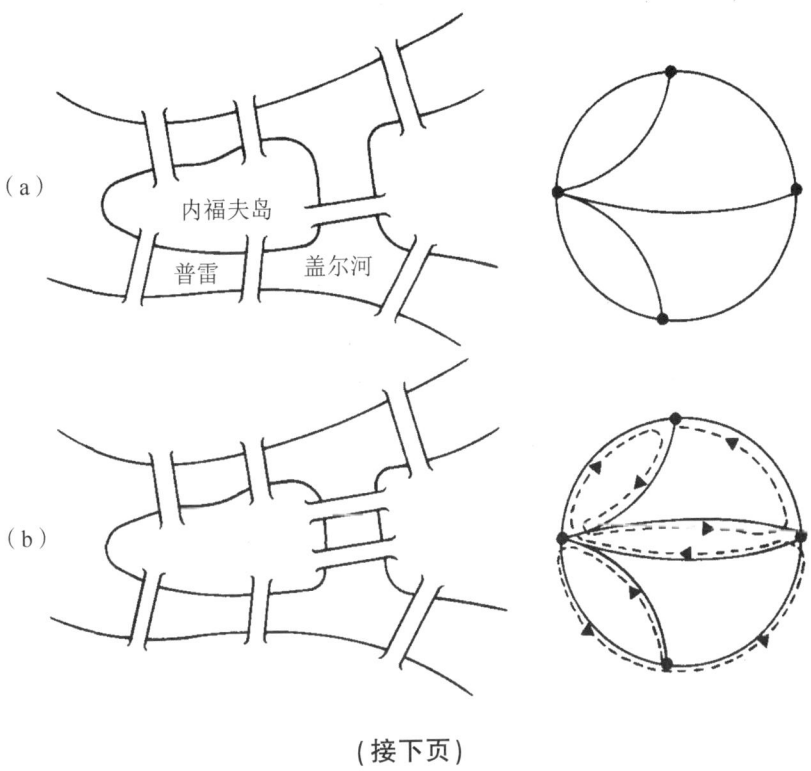

(接下页)

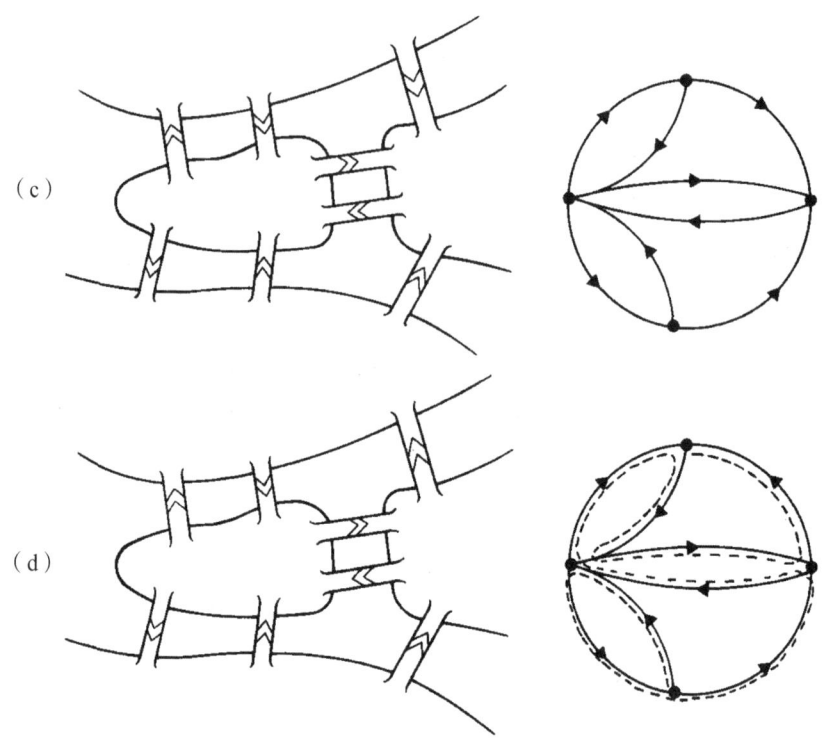

图 4.3 欧拉的柯尼斯堡七桥问题
(a) 原始地图及对应拓扑图;(b) 修建内福夫救济公路之后的地图及对应拓扑图;(c) 引入单向系统后的地图及对应拓扑图;(d) 为满足欧拉的条件而对单向系统进行的改造

首先,我们试着找出四元组所对应的乌洛波洛斯环。我有一个好主意,把 0 和 1 的每一个四元组都看成一条从初始三元组到最终三元组的"单行道"。例如,0110 就是从 011 镇开往 110 镇的单行道。由于可以找到 8 个三元组,所以 8 个小镇由 16 条路连接起来,见图 4.4。

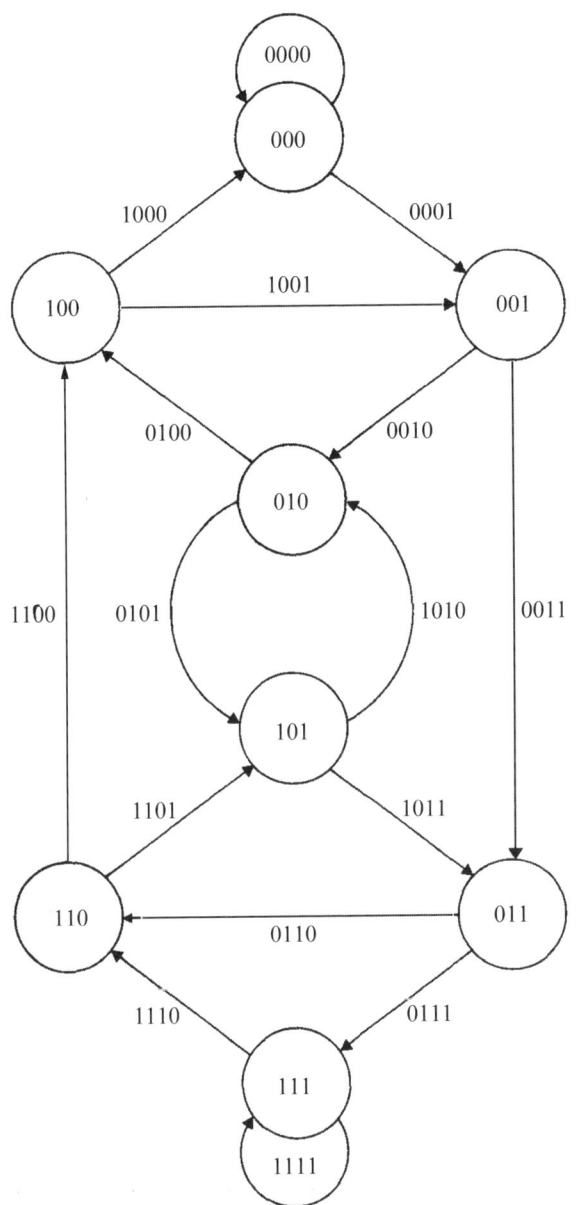

图 4.4 三元组的遍历图

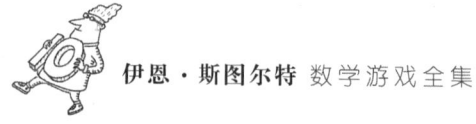

这个"图形"满足欧拉的条件。因为每个"镇"都有一"进"一"出"两条路，因此可以形成一个环形路线，即可以组成一个乌洛波洛斯环。

同样的方法也适用于五元组、六元组，等等。你可以看到为什么必须满足欧拉的条件。例如，离开001"镇"的出路有两条——0010和0011（即"镇名"后面分别加0和1）；同理，进路也有两条，即0001和1001。

电子工程师使用较长的乌洛波洛斯环及其相关的数学理论来编码信息。电子工程师们将0和1组成的二进制信息转化为电子脉冲信号：1表示有脉冲信号，而0则是没有脉冲信号。

这种编码可以用于电话信号的传输和雷达测绘。例如，天文学家们应用雷达绘制了金星表面的地图。但返回地球的信号太弱了，能量平均不到一个量子。要知道，能量的最小单位就是量子！这个悖论的答案是，这个编码方式具有高度冗余性：即使信号中的绝大部分数字丢失了，也仍然能被解读出来。因此，即便只有极少数的量子幸运地回到地球，也能提供有价值的信息——尽管这需要很长时间。

斯坦的书中还详细介绍了从公元1000—1960年这漫长岁月里与乌洛波洛斯环相关的各种历史。本章虽然只介绍了由0和1组成的序列，但实际上你也完全可以将其拓展到其他数字组合。例如，0、1、2三个数字可以有9种数对组合。套用欧拉的方法，就是有9个"镇"，3选2。如图4.5所示，每个"镇"有三条路进入，三条路离开。根据欧拉定理，存在一条环形路线。图中所示的就是乌洛波洛斯环：

001122102

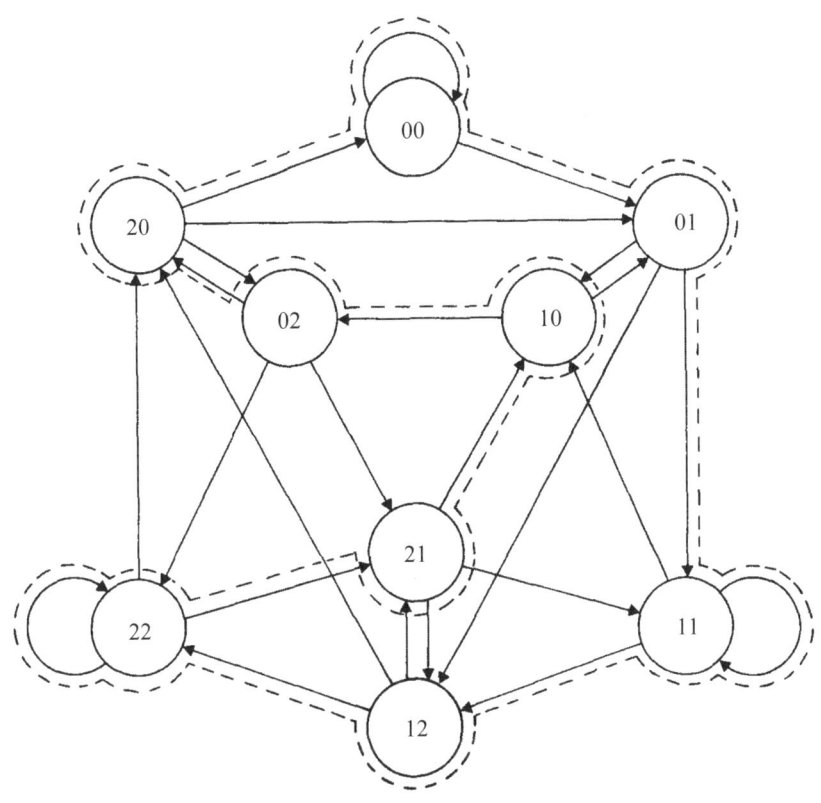

图 4.5 三元组的数对路线图

类似地,我们也可以举出由 0、1、2 三个数字组合而成的乌洛波洛斯环:000111222121102202101201002。

实际上,我是通过应用一种算法来得到这一序列的。这种算法适用于任何由 m 位数字组成的 n 元组合的乌洛波洛斯环,成功率高达 100%!

考虑由数字 0、1、2 组成的三元组的情况(推广到一般情况也是一样的)。首先,将 0、1、2 组成的 27 个三元组按照数字顺序排列,即

从000开始,到222结束。现在,写下一个乌洛波洛斯环的开头部分:

000111222

接下来,从排列了27个三元组的列表中划去已包含在乌洛波洛斯环中的7个三元组(即删除000、001、011、111、112、122、222)。再接下来,我们看向以22开头的最大三元组,也就是221。于是,我们在已有乌洛波洛斯环的末尾加上一个1,再把221从列表里划掉。然后,我们寻找以21开头的最大三元组。不断重复这一过程,始终使用可用的最大三元组,并将对应的三元组从列表中划去。这样操作不会陷入困境,并且最终能形成一个闭环,即乌洛波洛斯环。

正如我刚才说过的,这个算法是100%有效的。马丁(M. H. Martin)在1934年对此给出了证明。

现在你已经知道了这个算法,那么你可以在早餐前,即使双手被绑在身后,也不难写出长达117 649位的、由7个数字组成的六元组乌洛波洛斯环。

问　题

1. 你能否找出由 4 个数字组成的数对,以及由 3 个数字组成的四元组乌洛波洛斯环。

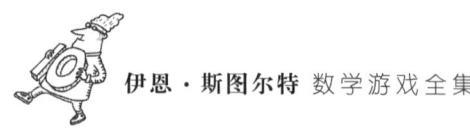

对于任意给定的 m 和 n,马丁的这一算法只是给出了一个乌洛波洛斯环,而通常还有许多其他解。1946年,德布鲁因(N. G. de Bruijin)发现,两个数字组成的 n 元组乌洛波洛斯环,我们可以用公式 $2^{n-1}-n$ 来计算乌洛波洛斯环的数量,这个数量增长得非常快。表4.1列出了 n 取不同值时的乌洛波洛斯环数量,通过旋转给定环得到的环被视为同一个。

表 4.1

n	乌洛波洛斯环数量
2	1
3	2
4	16
5	2048
6	67 108 864
7	144 115 188 075 855 872

自噬性数学的可能性远未被穷尽。是否存在高维度的乌洛波洛斯环呢?例如,数字0和1可以组成16种2×2方格。那么,能不能在一个4×4的方格中填入0和1,使得这16种方格不遗漏、不重复地全部出现呢?需要注意的是,你得假设这个大方格的左右对边(和上下对边)其实是连接在一起的——因此整个方格会绕成一个环面。这道题,我就称之为乌洛波洛斯环面问题。

问 题

2. 把图4.6中的16个格子剪下来,注意每个格子顶部的白点表示格子的正确朝向。你能将这些方格重新排列成4×4方格,保持白点朝上并且确保相邻两个格子在共同边缘处的颜色相同吗?同样你得假设这个大方格的左右对边(和上下对边)其实是相邻的。

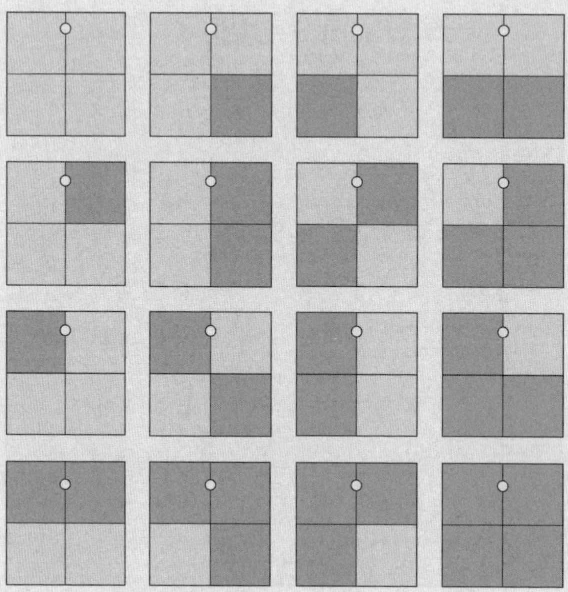

图 4.6 乌洛波洛斯环面问题

由数字0、1、2组成的2×2方格共有81种。接下来,我将在9×9的方格中把它们不重复、不遗漏地列出。

首先,我从对应的乌洛波洛斯环开始,我们先在第一行写下:001122102。

第二行,同样写001122102。

然后向右移动一个位置,记得把最后一个数字移到最前面,就得到了第三行:200112210。

接下来,将第三行的内容向右移动两格得到第四行,将第四行的内容向右移动三格得到第五行——以此类推,每次移动都比前一次多移一格。最后,我们就得到了如图4.7所示的乌洛波洛斯环面。

0	0	1	1	2	2	1	0	2
0	0	1	1	2	2	1	0	2
2	0	0	1	1	2	2	1	0
1	0	2	0	0	1	1	2	2
1	2	2	1	0	2	0	0	1
2	0	0	1	1	2	2	1	0
1	2	2	1	0	2	0	0	1
1	0	2	0	0	1	1	2	2
2	0	0	1	1	2	2	1	0

图4.7 由三个数字组成的2×2乌洛波洛斯环面

这个方法的可行性不难证明,你甚至不需要仔细核对每个子方格(提示:不妨看看最上面和最下面两行的2×2子方格)。当 m 为奇数时，相同的构造方法适用于 m 位数的 2×2 方格。例如，你可以通过重复移位 5 位数的乌洛波洛斯环，生成一个 5 位数的 2×2 方格的乌洛波洛斯环面。

但是，当 m 为偶数时，这种方法就不可行了。事实上，我不知道是否存在一个由四个数字组成的 2×2 乌洛波洛斯环面。有没有人能试一试呢？当 m 为偶数时，是否存在获得由 m 个数字组成的 2×2 乌洛波洛斯环面的普适性方法呢？

通过上述方法构建的乌洛波洛斯环面的每一行都是一个乌洛波洛斯环。那么，是否存在由三个数字组成的 2×2 乌洛波洛斯环面，且每一行、每一列均是乌洛波洛斯环呢？要知道，用上述方法构建出来的乌洛波洛斯环面并不满足这个要求。

对于 3×3 乌洛波洛斯环面，除了一些显而易见的结论，我也还没有头绪。显然，由两个数字组成的 3×3 乌洛波洛斯环面有 29 个，而 29 并不是一个平方数。所以，一个正方形的 3×3 乌洛波洛斯环面并不存在吧。① 不过，也许存在矩形的乌洛波洛斯环面，例如，16×32 格的矩形？类似地，当 m 为奇数时，$m×m$ 的乌洛波洛斯环面也不存在，除非该乌洛波洛斯环面恰好由 n 个数字组合而成，而 n 又恰好是个平方数。

那么乌洛波洛斯环是否能再扩展到三维空间呢？由 0 和 1 组成的 2×2×2 立方体共有 $2^8 = 256$ 种，那么是否存在一个立方体中能不

---

① 英文中，平方数和正方形是同一个单词 square。——译者注

重复、不遗漏地包含这全部 256 个子立方体呢?很遗憾,因为 256 不是一个立方数,所以不行。但是,由两个数字组成的 3×3×3 立方体有 2^{27} = 134 217 728 种,而这个数字是 512 的 3 次方,所以……

我的大脑已经转不过来了!乌洛波洛斯环……乌洛波洛斯环面……乌洛波洛斯体……

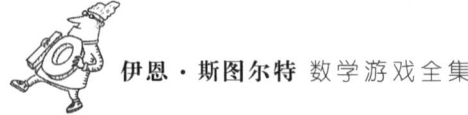

答　案

1. 由 4 个数字组成的数对：使用马丁的算法，你会得到

0011223321310302

由 3 个数字组成的四元组：用同样的方法可得

0000111122221221121211102220221021202 11
01220121011201100220021001200102020101 0002

2. 图 4.8 表示了一个 4×4 的乌洛波洛斯环面（大概也是唯一的）。如果它的设计如图中那样重复，你会得到一个由交叉形状的深色和浅色瓷砖组成的平面，其中所有可能的 2×2 的深色和浅色正方形以规则的方式出现。

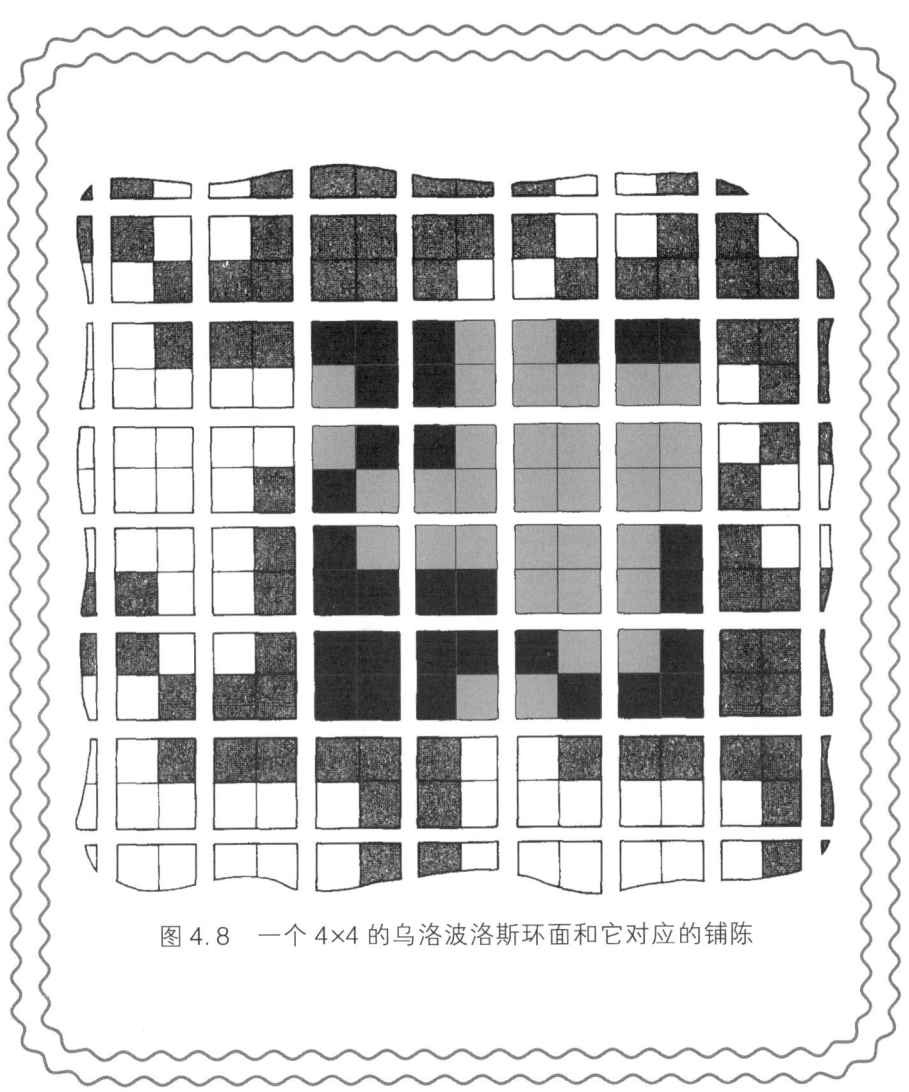

图 4.8　一个 4×4 的乌洛波洛斯环面和它对应的铺陈

第 5 章

谬误还是误谬?

逻辑王国里住着一对双胞胎——傻乎乎先生和笨呼呼先生。在一个寒冷、漆黑的冬夜,他们展开了一场激烈的辩论。呃,或者说,他们吵架了。

他们经常吵架。

傻乎乎先生问:"只有大象或者鲸鱼才能生出体重超过100千克的宝宝,对吗?"

"没错,好像是这样。"笨呼呼先生回答道。

"总统先生体重101千克。"傻乎乎先生又说。

"呃……"笨呼呼先生连忙打断他,"我知道你想说什么。我觉得不是……"

但是傻乎乎先生说了下去,他说:"所以……"

"总统先生的母亲,要么是大象,要么是鲸鱼!"两人同时高声嚷道。

笨呼呼先生尖叫道:"这是错的!完全是谬误!"

"谬误?"

"就是看上去有道理但实际上逻辑并不正确的论证。你居然连这个都不知道!"笨呼呼先生说道。

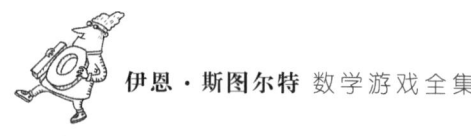

"我当然知道什么是谬误,但你说说看,我的推论哪里错了?"

"第一步就错了。呃,不对,是第二步。好吧,这两个都对。但是你忘了……"

"看吧!这才不是什么谬误,最多只是误谬!"

"误谬?"

"对此,我的逻辑推理是……"

"不!傻乎乎!我不是在问你推理过程。我是说,'误谬'是什么意思?"

"'误谬',就是说看上去错误的推论,但在逻辑上又是正确的!"

"那你的观点毫无疑问就是谬误,不是什么误谬!"

"才不是!"

"就是!"

"才不是!"

"就是!就是!就是!就是!"

他俩就这样一直争论了好久。当然,这可算不上什么有逻辑的辩论——实际上这场争吵毫无逻辑可言。

逻辑王国的居民们不是逻辑学家就是数学家。这是个有趣的国度。你看,想要成为数学家就必须擅长逻辑推理。实际上,数学研究的过程可以说就是区分谬误和误谬的过程。在这一点上,你愿不愿意和数学家们一较高下呢?下面,我将列出10个问题来测试你的逻辑能力。你只需要说出哪些结论是谬误,哪些结论是误谬即可。

1 七巧板

古老的七巧板是中国人发明的,由 7 块不同形状的平面积木组成,并且这七块积木可以拼成一个正方形。这一天,傻乎乎先生和笨呼呼先生在玩七巧板。

"我拼出来一个人。"傻乎乎先生如是说。

"我也拼出来一个人(图 5.1)。"笨呼呼先生也这么说。

"你的人没有脚!"傻乎乎嚷道,"你肯定是弄丢了一块!"

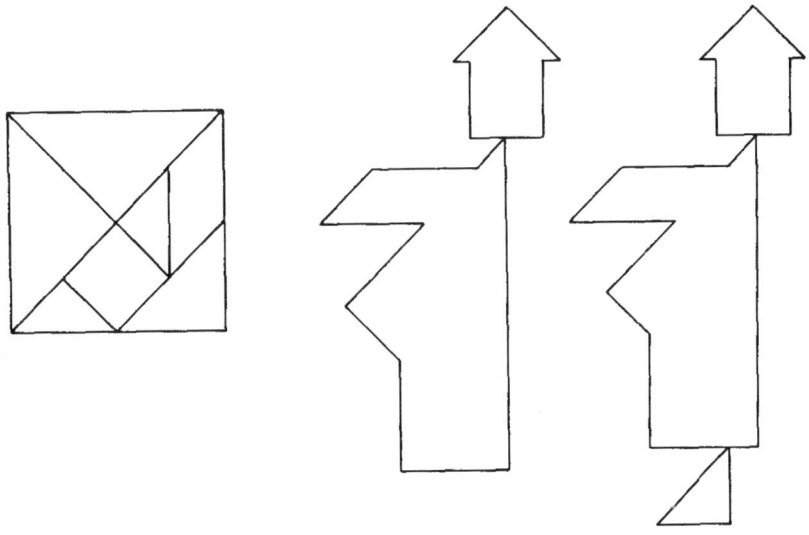

图 5.1 七巧板问题:傻乎乎先生是不是弄丢了一块积木

傻乎乎先生的这个结论,到底是谬误还是误谬?

2 对数狂热

"傻乎乎,你很喜欢数学,对吗?"笨呼呼先生问道。

傻乎乎先生回答道:"配上热乎乎的红酒就喜欢。"

"那你一定会喜欢下面这个推理,你记不记得这个对数级数:

$$\ln(1+x) = x - \frac{1}{2}x^2 + \frac{1}{3}x^3 - \cdots$$

当 $-1 < x \leq 1$ 时,这个式子成立。"

"你是说收敛,对吗?"

"一点没错!今天你心情真好,傻乎乎!"

"不,我今天没有……"

"就有!"

"没有……"

"随便吧。现在,将 $x = 1$ 代入该式子,可得

$$\ln 2 = 1 - \frac{1}{2} + \frac{1}{3} - \frac{1}{4} + \frac{1}{5} - \frac{1}{6} + \frac{1}{7} - \frac{1}{8} + \frac{1}{9} - \cdots$$

然后等式左右两边都乘以 2:

$$2\ln 2 = 2 - \frac{2}{2} + \frac{2}{3} - \frac{2}{4} + \frac{2}{5} - \frac{2}{6} + \frac{2}{7} - \frac{2}{8} + \frac{2}{9} - \cdots$$

$$= 2 - 1 + \frac{2}{3} - \frac{1}{2} + \frac{2}{5} - \frac{1}{3} + \frac{2}{7} - \frac{1}{4} + \frac{2}{9} - \cdots$$

将具有相同分母的项配对。现在可以得到

$$2\ln 2 = 1 - \frac{1}{2} + \frac{1}{3} - \frac{1}{4} + \frac{1}{5} - \frac{1}{6} + \frac{1}{7} - \frac{1}{8} + \frac{1}{9} - \cdots$$

$$= \ln 2$$

这样,我们就可以推断出 $2\ln 2 = \ln 2$,也就是说 $2 = 1$。很巧妙,不是吗?"

谬误还是误谬?

3 简单求和

"我知道一道类似的题,"傻乎乎先生说,"来看看这个级数

$$1-1+1-1+1-1+1-1+\cdots$$

用括号括起来,像这样

$$(1-1)+(1-1)+(1-1)+\cdots$$

它们的和是0。但是如果这样括:

$$1+(-1+1)+(-1+1)+(-1+1)+\cdots$$

和就是1。所以1=0。顺便说一下,这也证实了你的结果:只需两边都加上1!"

谬误还是误谬?

4 绳结不简单

笨呼呼先生认为自己是个魔术大师:"傻乎乎,来看我的魔术表演!首先,我在这根绳子上打个结,像这样……然后我再打一个结!巴拉巴拉——轰!你看,两个结都消失了(图5.2)!"

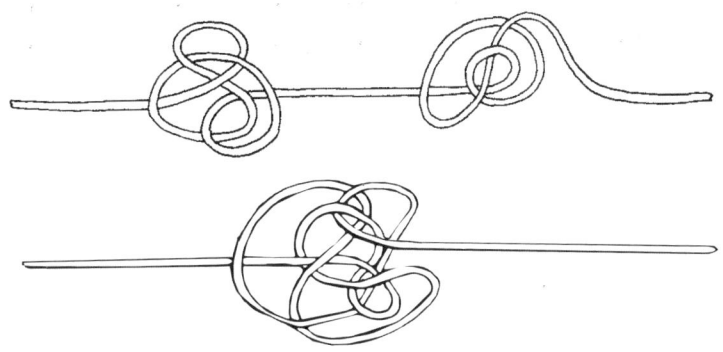

图 5.2 两个结,打在一起后会抵消。这可能吗?

"太幼稚了,笨呼呼。你只不过是打了一个结,再打了一个反结,这样两个结就相互抵消了。"

"反结?谁听说过反结?"

"就是同一个结,内外反过来。"

"胡说八道!根本就没有什么反结!而且我可以证明!你知道可以用结做算术吗?将两个结 K 和 L 依次打在同一根绳子上(图5.3),就视为两个结相加 $K+L$,没错吧?"

"如果你坚持的话。"

"好。那么显然 0 就是没有任何结的意思——一个没有结的结,

103

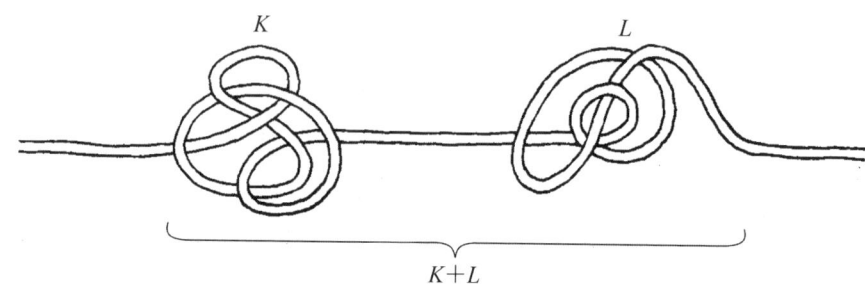

图 5.3 绳结的算术

你明白我的意思吗?"

"为什么?"

"呃,如果你打一个结 K,然后打一个没有结的结,就相当于只打了 K,所以 $K+0=K$。这是有意义的。现在,如果 K 是一个结,那么它的反结可以写成 $-K$,因为 $K+(-K)$ 只可能等于 0。"

"啊哈!所以你同意反结是存在的!"

"哦,不不不。我接下来就要证明只有没有结的结才可能有'反结'。"

"哦。什么?再说一遍……"

"你该洗洗耳朵仔细听了。现在,假设我打了一个'无穷结'(图5.4),即 $K-K+K-K+K-K+\cdots$"

"你知道吗,我刚才似乎见过类似的式子……"

"像这样加上括号,

$(K-K)+(K-K)+(K-K)+\cdots$

它的值是 0。但是,像这样加上括号:

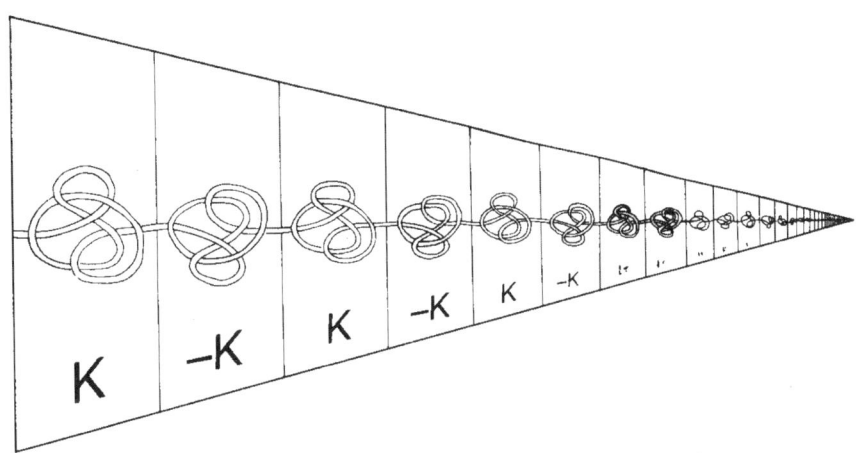

图 5.4 用"无穷结"来证明绳结不能相互抵消——真的不能吗

$$K+(-K+K)+(-K+K)+(-K+K)+\cdots,$$

它的值是——"

"K!所以 $K=0$。是的,一定是这样。而你刚刚还指责我胡说八道!"

这是谬误还是误谬?

5 打电话，玩扑克

傻乎乎先生和笨呼呼先生喜欢玩牌。但是，笨呼呼先生很快就要出门度假了。

"我会想念我们的扑克牌游戏。"

"我也是。我们真是棋逢对手。"

"我有主意了！我们可以在电话里玩扑克牌！我发牌，给你五张牌，然后我们告诉对方我们打的是哪张牌。"

傻乎乎先生考虑了一下，随后语带嘲讽地说："你这个主意可真是好极了，但我怎么知道你有没有作弊？"

"我保证不会。"

"骗子！你**总是**说谎！"

"好吧，我确实爱撒谎。但是，反过来，我怎么知道**你**有没有作弊呢？"

笨呼呼先生提议说："我们可以告诉对方，自己所有的牌是什么。"

他们思考了片刻。

"那太愚蠢了！"

"不，不是这样。我们可以用密码来表示它们，这样对方就无法解码。然后，在最后，我们可以揭示密码并检查是否有人作弊！"

"对不起，傻乎乎，我不明白你在说什么。"

"好吧，你仔细听啊，我只说一次……你听说过陷阱门密码吗？"

"是不是理论上不可破解的密码？你可以告诉任何人如何将一条消息编码，但这对解码没有帮助？"

"你说对了。你看，你可以用 $E_{笨呼呼}$ 规则来编码，用 $D_{笨呼呼}$ 规则来解码；而我则用 $E_{傻乎乎}$ 规则编码，用 $D_{傻乎乎}$ 规则解码。我们可以知道对方的编码规则，但解码规则只有自己知道。"

"好，到目前为止的部分，我都同意。"

"如果我对消息 M 进行编码，就得到了 $E_{傻乎乎}M$。解码时，就计算 $D_{傻乎乎}E_{傻乎乎}M$，这样就重新得到 M。现在，我将 52 张扑克牌转化成的 52 条信息……"

"我要拿着这 52 条消息！"

"好吧，你拿着这 52 条信息。梅花 A、梅花 2……黑桃 K。你用你的编码规则，每条信息 M 都转为 $E_{笨呼呼}M$。这时候就可以'洗牌'了……"

"你是说把这些信息随机排列？"

"对，没错。然后你把它们全部发送给我。"

"到目前为止听起来还算公平。"

"然后，我随机选择五条消息，并把它们发送给你，这样你就可以解码它们，知道你拿到的一手牌是什么。我不知道你手里的牌，因为我无法解码你的信息。然后，我再随机选择五条信息，构成我手里的牌。"

"啊，但你会有一个问题。你无法解码你的牌，不知道它们是什么！"

"你说得对，确实如此。但这难不倒聪明的我。我再次使用我的 $E_{傻乎乎}$ 规则对它们进行编码。所以如果消息是 M，它会变成

$E_{\text{傻乎乎}} E_{\text{笨呼呼}} M$。然后我把它们发送回给你,你通过 $D_{\text{笨呼呼}}$ 规则来解码,得到 $D_{\text{笨呼呼}} E_{\text{傻乎乎}} E_{\text{笨呼呼}} M$,它等价于 $E_{\text{傻乎乎}} M$。"

"你默认了 $E_{\text{傻乎乎}} E_{\text{笨呼呼}} = E_{\text{笨呼呼}} E_{\text{傻乎乎}}$。"

"哦,我是这样假设的。但我们可以选择合适的密码来满足这个条件。假设它成立。你把这五条 $E_{\text{傻乎乎}} M$ 发还给我。我通过 $D_{\text{傻乎乎}}$ 来解码它们。现在我们每个人都有一手牌,没有一张牌是共同的,而且我们都不知道对方有什么牌,所以我们可以开始玩了。我们保留所有消息的记录,并在最后,我们都揭示我们的解码规则,这样我们可以相互检查,确保对方没有在任何阶段作弊。"

笨呼呼先生认真考虑了一下。"天哪,这太复杂了。"他说。

"我再来打个比方。假如我们通过寄快递的方式打扑克,你把 52 张牌放在 52 个一模一样的盒子里,然后用锁把它们锁上,开锁的钥匙只有你才有。你把这些盒子全都寄给我。我收到以后,随机抽五个盒子,组成你的手牌,随后再随机抽五个盒子,组成我的手牌。这五个装着我的手牌的盒子,我要给它们挂上只有我能打开的锁。接下来,我把这 10 个装着牌的盒子寄给你。你解开锁以后,再把装着我的五张牌的盒子寄回给我。这时,这五个盒子上仍然上着我的锁,但你的锁已经解开了。多简单!"

笨呼呼先生拿出一本便利贴,在上面写写画画,检查这个过程的逻辑是否合理。突然,他停了下来。

"等一下,"他说,"假如只有三张牌。"

"可是牌有 52 张啊。"

"确实,但这个方法应该也适用于三张牌的情况。假如我们来来回回发了许多条信息了,到最后,一共剩下三张牌,我们各自知道自己手里的一张牌是什么,而且也知道我们手中的牌不一样。对吗?"

"对。"

"好。假设从牌局开始到结束,我能拿到的所有牌用集合 $S_{笨呼呼}$ 表示,而你的所有牌可以用 $S_{傻乎乎}$ 表示。那么,我的所有牌都属于 $S_{笨呼呼}$,而你的所有牌都属于 $S_{傻乎乎}$。"

"我好像领会到你的意思了,"傻乎乎先生说,"无论是我还是你,都可以用逻辑推理的方式,算出 $S_{傻乎乎}$ 和 $S_{笨呼呼}$。问题的核心在这里,所以 $S_{笨呼呼}$ 不能只有'你的'牌。"

"没错。不然你就知道我的牌是什么了。另外,也不能有一张牌同时存在于 $S_{傻乎乎}$ 和 $S_{笨呼呼}$ 这两个集合里,否则我们两个人就有可能拿到同一张牌。当然 $S_{傻乎乎}$ 里也不可能包含全部的三张牌,因为那样你根本拿不到牌了。"

"我懂了。所以 $S_{傻乎乎}$ 必须不多不少,正好包含三张牌中的两张牌。"

"完全正确,可以基于同样的原因,$S_{笨呼呼}$ 也必须包含三张牌中的两张。"

"由于这两个集合没有交集,所以至少得剩下四张牌。"傻乎乎说,"可是只剩下三张牌。"

"所以,我们还是不能通过电话打扑克。"笨呼呼先生说。

谬误还是误谬?

6 伽利略是对的吗

有一天,傻乎乎先生和笨呼呼先生发生了一场激烈的争论:如果有个整数需要至少14个词才能说清,那么它最小是多少?对此,他们吵得特别激烈,傻乎乎先生甚至朝笨呼呼先生扔了一个茶杯。

"呸,砸都砸不中!你连抛物线都不会算吗?"

"这跟抛物线有什么关系?"

"伽利略证明了物体在空中的运动轨迹是抛物线。"

"才不是!"

"当然,要忽略空气阻力的影响。"

"还是不对。伽利略是错的!"

谬误还是误谬?

7 保持前进

笨呼呼先生一直在阅读柯朗（Richard Courant）和罗宾斯（Herbert Robbins）的经典著作《数学是什么》(*What is Mathematics*)。

"嘿！傻乎乎，快醒醒！这里有道题目很有趣！"

"嗯？什么？"

"假设有一列火车沿直线轨道在两个火车站之间行驶。一根杆子的一端被铰接在火车的某节车厢地板上（图5.5）。当这根杆没有碰到车厢地板时，它可以随着列车的行驶向前或向后无摩擦地转动。而这根杆一旦碰到车厢地板，就不能再动了。假如我能提前规划好列车的行驶——列车不必匀速前进，它可以加速，也可以突然停止，

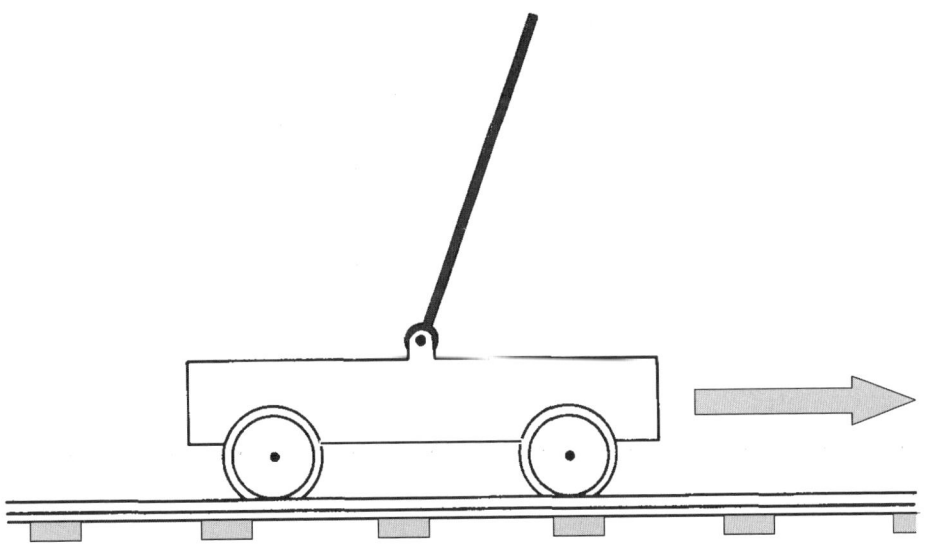

图 5.5 铰接在列车车厢地板上的杆子，它能不触碰到地板吗

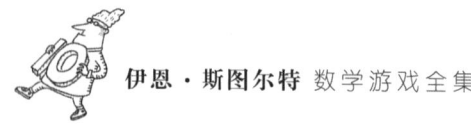

甚至可以逆行一段时间,但它必须从起点站开出,并抵达终点站。那么,我有没有可能在列车出发时,把杆摆到特定位置,好让它在整个行驶过程中,都不会碰到车厢地板呢?"

"呃……这个问题有点棘手。运动的方式是……咦,等等!我知道了!这是一个拓扑学的问题!"

"啊?这和相扑没什么关系吧……"

"是拓扑,不是相扑。这是关于连续性的问题。这根杆最终在什么位置取决于其前一刻的位置,而前一刻的位置又取决于再前一刻——所以最终是取决于它的初始位置!这根杆的初始位置可以是从0°到180°这连续范围中任意一个角度,所以最终位置的范围也一定是连续的。如果初始位置是0°,那么这根杆就一直是0°。如果初始位置是180°,那么这根杆就一直是180°。所以杆的最终位置是0°到180°中的任意角度。既然杆一旦碰到地板就不能再动,那么我可以让这根杆的最终角度呈90°,这样就绝对不会碰到地面了。"

谬误还是误谬?

8 积分方程

笨呼呼先生说:"我还有一道数学题。"

"你说说看。"

"这是一道微积分问题。你知不知道,如果你对指数函数 e^x 进行积分,那么你得到的还是 e^x?"

"你是说,$\int e^x dx = e^x dx$?"

"没错! 现在,写成这样

$$(1 - \int dx) e^x = 0,$$

那么

$$e^x = \frac{1}{1 - \int dx} \cdot 0$$

$$= (1 + \int dx + \int^2 dx + \int^3 dx + \cdots) \cdot 0$$

使用 $\dfrac{1}{1 - \int dx}$ 的幂级数展开,可以写作

$$e^x = (1 + \int dx + \iint dx + \iiint dx + \cdots) \cdot 0$$

但是,$\int 0 dx = 1, \int 1 dx = x, \int x dx = \frac{1}{2}x^2$,以此类推。因此,最后你会得到幂级数

$$e^x = 0 + 1 + x + \frac{1}{2}x^2 + \frac{1}{6}x^3 + \cdots$$

这是不是很有趣?"

谬误还是误谬?

9 不可能的密铺

傻乎乎先生在玩拼图。他手里的拼图片都是正多边形,每条边、每个角都相等。

"嘿,太棒了!这些拼图可以密铺满整个平面(图5.6)!"

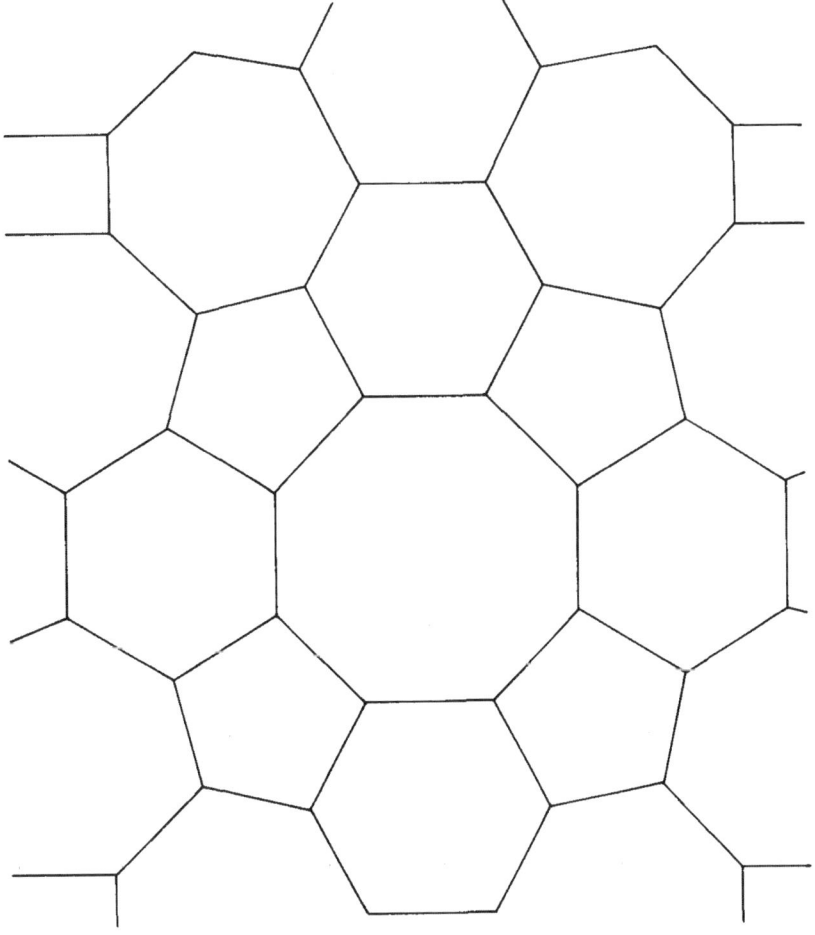

图 5.6 由多种正多边形拼成的新密铺方式

"让我看看。"笨呼呼先生说,"好像哪里不对劲。傻乎乎,如果你要用正多边形来密铺整个平面,那你应该用正三角形、正方形、正六边形、正八边形和正十二边形,其他都不行。但你的密铺里还有正五边形和正七边形。你肯定是哪里拼错了!"

"你自己看看吧!"

谬误还是误谬?

10 拼写错误

"轮到我了,"笨呼呼先生说道,"让我用一个简单的问题来作为本章结尾。"

" 'Ther are five mistokes im this centence' 这一句话里有 5 个拼写错误。"

谬误还是误谬?

答　案

1. 七巧板

谬误。笨呼呼先生一块七巧板也没弄丢,他只是用了另一种拼法(图 5.7)。

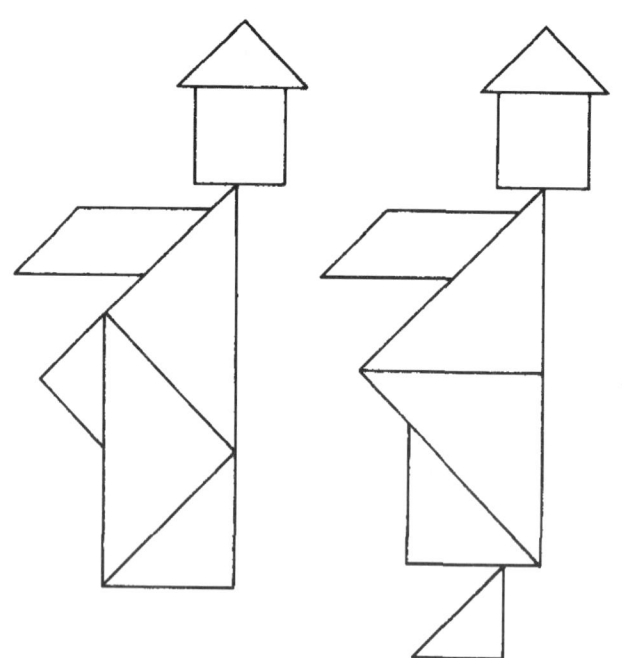

图 5.7　傻乎乎先生和笨呼呼先生的七巧板小人,一块都没有少

2. 对数狂热

谬误。对数级数并非绝对收敛(在每项都为正时收敛),因此不能重新排列。

3. 简单求和

谬误。该数列的"和"没有明确的定义。

4. 绳结不简单

误谬。表面看起来,这道题和上一题很相似,但实际并不一样。"无限结"的定义明确,所有求和的操作都能对应几何学的理念,可以据此给出严谨的证明。

5. 打电话,玩扑克

既有谬误,也有误谬!两个论点都是"正确"的。第二个论点(关于不可能性的证明)与第一个论点(证明操作方案可行)并不矛盾。关键在于,假定只要时间充裕,那么相关的编码信息就可以被解码。但实际情况是,这需要的时间甚至比宇宙的年龄还要长!所以在实际操作层面,这就是一种"无法破解"的密码。想要了解更多相关信息,请参阅本章的进阶读物部分。

6. 伽利略是对的吗

误谬。伽利略的结果基于两个假设：地球是平的；重力是恒定的。实际上，如果把地球是球体和牛顿力学考虑进去，那么物体下落的轨迹和其他所有绕地球运动的物体的轨迹一样：是个椭圆。

7. 保持前进

谬误（我肯定会收到很多抗议信吧！）。如果连续性假设是正确的，那么论证过程是误谬。但其连续性假设是没有依据的。这个问题就在于"吸收边界条件"，即杆子一旦碰到地板，就会停止运动。

首先，我们想象这根杆子可以360°旋转，即不存在地板，则杆子的可能运动轨迹如图5.8(a)所示。这时，我们再代入吸收边界条件，会发现无论起始位置在哪，杆子都一定会掉到地上。

波士顿（Tim Poston）在1976年的《流形》(Manifold)杂志中最先指出了柯朗和罗宾斯的错误，但并没有引起足够的重视。

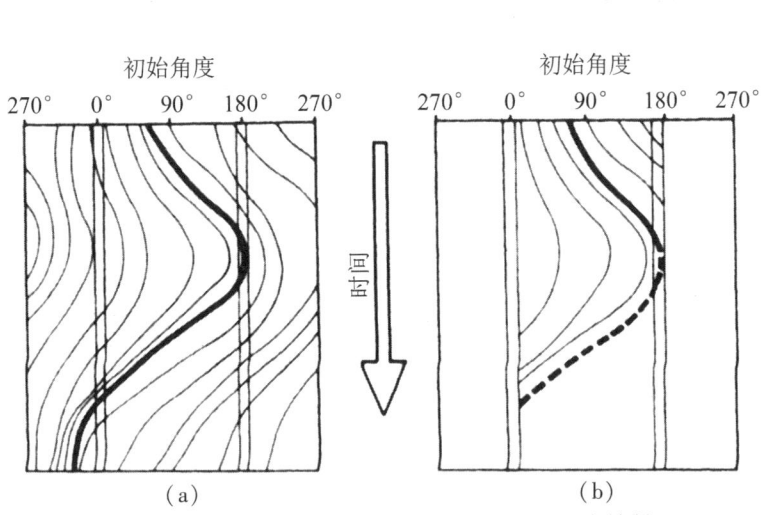

图 5.8　为什么柯朗和罗宾斯不应该假设连续性

图示展示了不同初始位置的历史轨迹。这两张图片是相同的,除了在(b)中添加了"吸收边界条件"(灰线)。在(a)中,以粗线表示的历史轨迹不会引发问题。然而,在(b)中,由于它与代表地面的灰线在180°处相切,导致了不连续性。任何位于粗线左侧的初始位置最终会到达地面0°;任何位于粗线右侧或处于其上的初始位置最终会到达180°。

8. 积分方程

误谬。巴拿赫空间理论确实可以用来证明对 $\int$ 符号的操作。如果将其视为一个运算符,那么对 $\dfrac{1}{1-\int}$ 的级数展开是正确的。

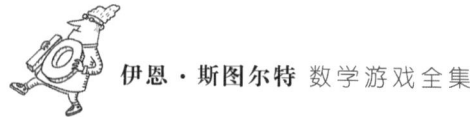

9. 不可能的密铺

谬误。这些积木片要么不是严格的正多边形,要么并没有严丝合缝地相接。例如,一个顶点被五边形、六边形和八边形包围。正五边形的内角是 108°,正六边形的内角是 120°,正八边形的内角是 135°,它们相加等于 363°,而非 360°。如果它们能完全密铺,这些内角的和应恰好等于一个周角 360°。

10. 拼写错误

误谬。实际上只有四处**拼写**错误——但的确有第五个错误:声称有五个拼写错误,但实际上只有四个,所以这个声称也是错的!

第6章

自造病毒

鼻子难受。

我痛苦地坐在候诊室里。我旁边是一个相当胖的女人,她怀里抱着一个裹在褓褓中的小婴儿。那张粉色小脸上满是更小的粉红色斑点。我往左挪了两个座位,努力回忆我是否已经得过水痘。

"下一个!"

迎着前台护士的目光,我穿过走廊,进入了诊室。

我必须承认自己并不喜欢造访这位菲尔医生。菲尔医生脾气不好,却是这一带最好的医生之一。不幸的是,他非常讨厌数学——这在医生群体中倒是不罕见——而且他知道我是数学家。我俩的关系颇为紧张。

"嗯哼。你又来了。"他说。

"我本不想打扰您,但是我似乎得了流感。我……"

菲尔医生冷冷地说:"呵,数学家。你骗不了我,我记得你。寄生虫。"

"不不,是流感……"

"我不是说你得了寄生虫病。我是说数学家都是寄生虫。我无意冒犯,你懂的。我对事不对人,我只是讨厌数学家。数学对医学作

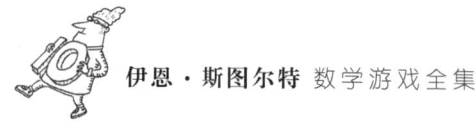

出过哪怕一丁点儿贡献吗?"

我暗自腹诽,难道医学就对数学家们作出过贡献吗?我正准备和他讲讲数学在医学领域的一系列应用,从流行病的统计分析到人类心脏搏动的不规律性,甲状腺功能失调……但是他打断了我,自问自答道:"数学什么也没做!"

我内心深处的恶魔(这个词听上去非常不现代,有点中世纪的意味)促使我为我的职业辩护。我说:"说出来吓你一跳!"

他把一根压舌棒塞进我嘴里,检查着我的舌头:"嗯哼?那你说吧。"

"数学,是一门很有趣的学科。"我嘴里含着压舌棒,说话的声音非常滑稽。他瞥了我一眼,好像在说"这可不新鲜",然后从我嘴里取出了压舌棒。这下我一字一句、清清楚楚地说:"即使是纯数学,也有令人意想不到的应用。"

"呵。老生常谈。"

"但这是真的。你当然可能听说过古希腊圣贤……"

"医学之父希波克拉底就是古希腊人,"他毫不犹豫地指出,"所以我当然熟知古希腊时期的历史和人物。"

"嗯,那么……欧几里得……你知道……"

"呵,几何。"他的声音就好像痛风晚期患者的呻吟一般。

"对!"我兴致勃勃地说道,"欧几里得的《几何原本》中有一个经典证明就是恰好有五种正多面体:四面体、立方体、八面体、十二面体和……"

"二十面体。"他替我说完,"你有斜视症——你的眼睛凸出来了。"通常来说,金鱼的眼睛才会凸出来。他说得没错,我的眼睛确实是凸出来了,不过那是因为惊讶他竟然知道正二十面体。

"正二十面体就是由 20 个完全相等的等边三角形组成的多面体。"他嗤笑道,"别那么惊讶,我确实懂些数学。我只是认为它毫无意义。"

我接着说:"有趣的是,正二十面体早在公元前就被发现了,但作为一个'纯数学'构造,人们一直没能在自然界中找到它的对应物。"

"晶体。"菲尔医生说。

"奇怪之处就在这里了。"我回答道,"我们可以在晶体里找到立方体、八面体和四面体,但是找不到五重对称的晶体结构。"我犹豫了一下,不知道要不要告诉他最新发现的准晶体里存在着一种短程五重对称性,但我觉得这样只会让事情变得混乱。

"足球。"他说。

我不得不承认现代足球(图 6.1)的形状本质上是二十面体——实际上它是一个截断的二十面体,它的尖角被切断了。我进一步解释道,之所以采用这个形状,是因为它非常接近于球体,而且可以用平面的皮革拼接而成。在这种设计被发明以前,足球是由 8 块正方形皮革拼接而成的,其中每块正方形皮革又被平行地分为三条长方形。不过,我指出公元前 370 年,足球还没被发明出来——而此时,菲尔医生正冷冰冰地把听诊器塞进了我的衬衫里面。

"猪膀胱。"他说。这个词我没听说过,但听起来可不是什么好词。

"不,我不觉得……"

"啊哈!"他说,"这是生物课的内容。几年前,我在剑桥医学院阿登布鲁克医院学过,有一章节讲放射虫,好像是叫赫克!"

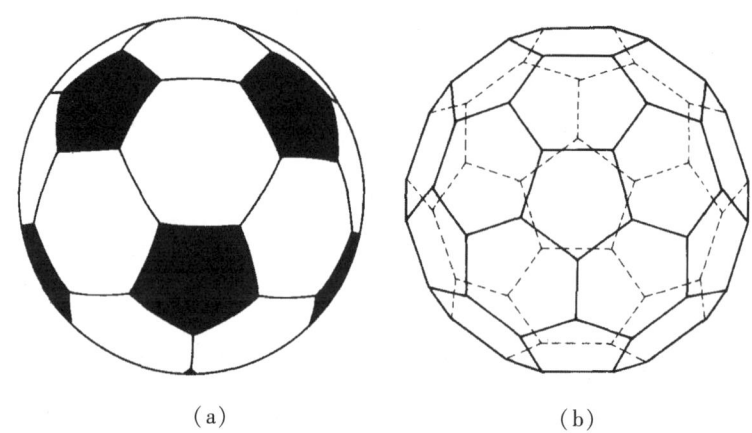

（a）　　　　　　　　　　（b）
图6.1　现代足球(a)的形状是一个截断的二十面体(b)

菲尔医生说的其实是海克尔(Ernst Haeckel)。海克尔曾经为寻找科学标本进行过一次漫长的航行,并于1887年在他的《挑战者号专题报告》(*Challenger Monograph*)中发表了研究结果。我之所以知道这些,是因为汤普森(D'Arcy Thompson)在《生长与形态》(*On Growth and Form*,恰好是我最爱的冷门书籍之一)中对其部分作品进行了复制。其中就包括了放射虫的图片。放射虫是单细胞生物,具有高度对称的外骨骼。海克尔一共绘制了上百幅放射虫图片,其中一些放射虫的形状就十分类似于正二十面体(图6.2)。不过,我不得不指出,海克尔对于放射虫的描绘或许夸张了其对称性。

"我给你一个提示,"我说道,"有些科学家把正二十面体称为'大自然最偏爱的形状'。"

"好吧,"菲尔医生挠了挠胡子,"我认输。"

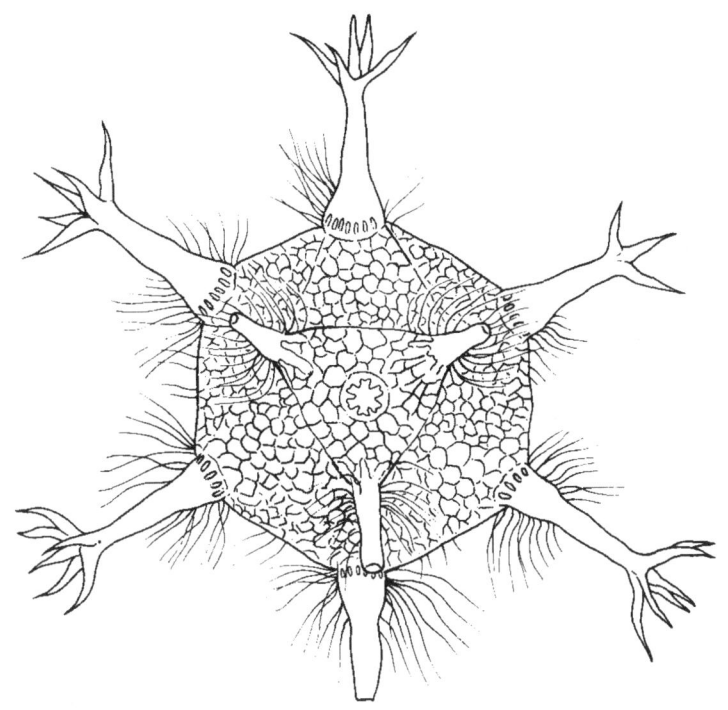

图 6.2　海克尔在《挑战者号专题报告》中绘制的二十面体放射虫

"真丢人。你可是个医生啊!"

"什么意思?"

"天花。"

"啊?"

"脊髓灰质炎病毒、疱疹病毒、芜菁黄花叶病毒……"

菲尔医生用力按着我的胃部,我痛得龇牙咧嘴。

"二十面体,"我固执地说下去,"是病毒最常见的形状之一。"

这话终于让他提起了点兴趣。"是吗?让我看看……"他拿出厚厚的课本,翻了几页,"天哪,数学家总算说对了(图6.3)。为什么会选中二十面体呢?"

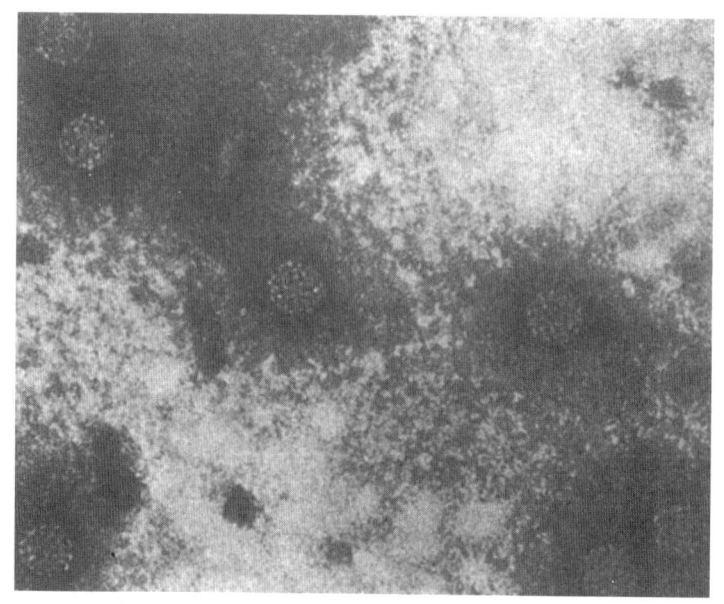

图6.3
人疣病毒由72个具有二十面体对称性的相同单元组成[图片来源:梅德利(Madeley),《病毒形态学》(*Virus Morphology*)]

"这可能和足球一样,"我说,"如果你想用少量相同的单元做出一个大致球形的物体,那么二十面体是最好的形状。如果你想要一个更深入的解释,可能是能量最小的构形往往是对称的,而且……"

"好了,好了,不用往下说了,"他赶紧打断我,又翻了翻他的书,"病毒还有其他的形状。"

实际上,病毒还有另一种常见的形状——螺旋形(图6.4)。这类病毒的形状就好像螺丝上的螺纹,或者旋转楼梯那样,螺旋缠绕形成管状。

同样,这种形状也被认为是由相同单元所能组成的最"节能"的形状。

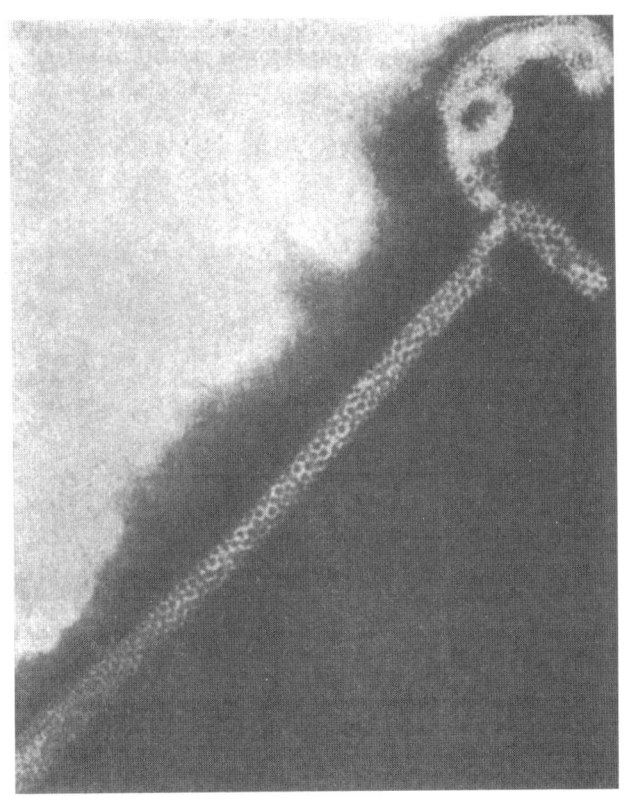

图6.4
丙型流感病毒是由相同单元组成的螺旋结构,就像旋转楼梯一样[图片来源:梅德利(Madeley),《病毒形态学》(*Virus Morphology*)]

"看这里。"他说道,"这个是丙型流感病毒——泰勒病毒,由相同的六边形组成的螺旋结构。为什么它不是球体而是近似于圆柱体呢?"

"正六边形是拼不出球体的。"我解释道,"如果你想要的是类似于密铺的、不重叠、不留空隙的球体。"

"为什么不能?"

"欧拉定理。"

"定理?!定理?!别再和那些东西纠缠不清了,我告诉你。等腰三角形底角——嗯,针头上的角度!毕达哥拉斯,傻东西。不可能吗?只要你努力就没有不可能的!欧拉?听起来像个失败主义者。反正我从来没听说过他。"

"他是有史以来最多产的数学家。"

"难怪。"

"欧拉证明了,如果一个多面体的面数为 F,顶点数为 V,边数为 E,那么 $F+V-E=2$。现在,如果你有一个由 F 个六边形组成的多面体,那么边数必须是

$$E = 3F$$

因为每个六边形有六条边,但每条边都与两个六边形相邻;而顶点数是

$$V = 2F$$

因为每个面有6个顶点,但每个顶点只出现在三个相邻的面上。所以根据欧拉定理,我们有

$$F+2F-3F=2$$

但事实上,$F+2F-3F=0$。所以不可能。"

有那么一会儿,他看上去很受感动,但他像只企鹅在南大洋游了泳后甩干羽毛一样摇了摇头,又恢复了他一贯的刻薄表情:"你之前说过脊髓灰质炎病毒。"

"是的。斯克里普斯诊所的研究团队使用 X 射线晶体成像技术

证明:脊髓灰质炎病毒的结构与足球非常相似(见'如何制作脊髓灰质炎病毒模型')。事实上,这个一般结构是 1962 年由波士顿儿童癌症研究基金会的卡斯帕(D. Caspar)和剑桥分子生物学实验室的克卢格(Aaron Klug)在数学基础上提出的,但直到 1987 年才得到证实。"

这时,菲尔医生回忆着先前的结论,问道:"如果你不能用六边形构建出球体,那么用五边形呢?"

好吧,这个问题当然非常有趣。欧拉的公式可以再次被用来证明,如果只使用五边形来构建正多面体,那么必须恰好是 12 个五边形,因而十二面体是唯一可能的形状。现在的问题是,十二面体实际上并不是很圆。这可真可惜,因为球形往往具有最低的能量——那就是为什么气泡或雨滴是球形的。"幸运的是,你可以得到一个更圆的形状,"我告诉他,"如果只使用五边形和六边形。然后正好有 12 个五边形,其余的都必须是六边形……"

"为什么?我为什么不能拿 23 个五边形再加上足够多的六边形?"

"同样可以用欧拉的公式来证明,尽管推理稍微复杂一些(见'为什么必须是 12 个正五边形')。"

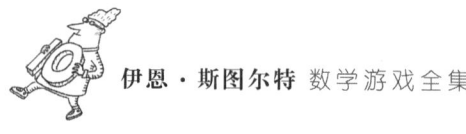

如何制作脊髓灰质炎病毒模型

将图 6.5(a) 复制到薄卡纸上，在每条边处留出窄边以便粘贴。将其翻过来沿着五边形之间的边界线和外轮廓线划线压痕。

图 6.5(b) 是去掉了一个三角形的六边形，制作 12 个图 6.5(b) 的副本——同样在边缘留下窄边，以便粘贴。将其翻过来并沿着虚线划线压痕。折叠并组装成 12 个有五个面的金字塔形，将留出的窄边折叠到底部下方。将这些金字塔粘贴到图 6.5(a) 的白色五边形上。然后将图 6.5(a) 的五边形折叠起来并用胶水固定，形成一个每个面上都有金字塔状凸起的十二面体，如图 6.5(c) 中所示。

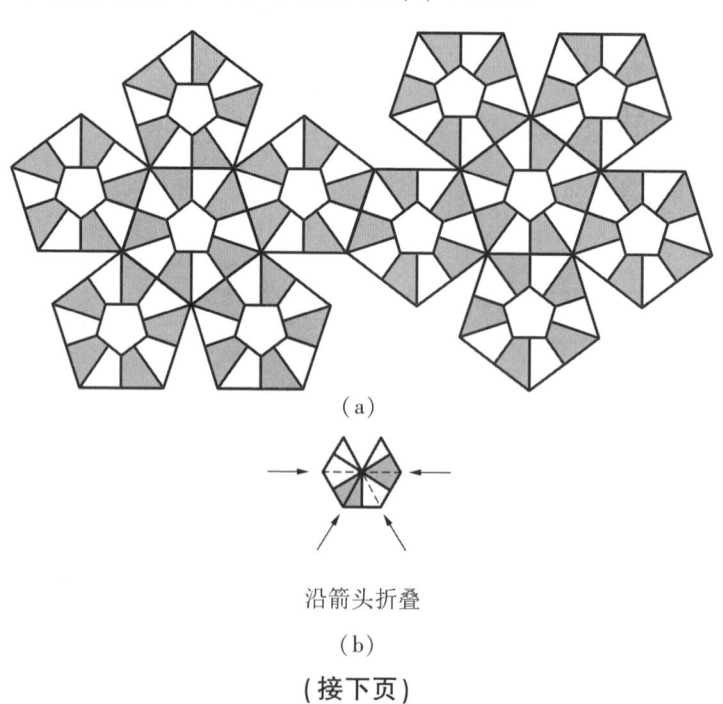

(a)

沿箭头折叠

(b)

(接下页)

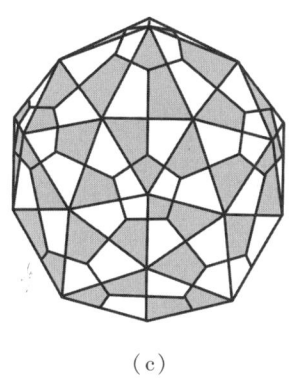

(c)

图 6.5
使用(a)和 12 个(b)的副本来制作一个脊髓灰质炎病毒(c)的模型

为什么必须是 12 个正五边形

假设一个多面体由 p 个五边形和 h 个六边形组成,没有其他面,那么 $F=p+h$。五边形有 $5p$ 条边,六边形有 $6h$ 条边。每条边都同时隶属于相邻的两个面,所以被计算了两次。因此,实际的总边数是

$$E=\frac{(5p+6h)}{2}$$

类似地,顶点数是

$$V=\frac{(5p+6h)}{3}$$

根据欧拉公式,

$$2=F+V-E=(p+h)+\frac{(5p+6h)}{3}-\frac{(5p+6h)}{2}=\frac{p}{6}$$

所以 $p=12$。

"六边形的数量有限制吗?"

"从公式上看,没有任何限制。"

"这非常奇怪。"

"是的,五边形确实有一些特别之处。但是如果你想制作出非常接近球体的形状,六边形的数量会有一些限制。"在卡斯帕和克卢格以外,戈德堡(Michael Goldberg)曾独立提出了一种构造方法,他的构思非常巧妙,面、顶点和边的数量必须满足:

$F = 20T$(12 个五边形,其余是六边形)

$E = 30T$

$V = 10T+2$

其中 $T = a^2 + ab + b^2$。

这给出了一个"近乎正"多面体,即类型为 $\{a, b\}$ 的伪二十面体。

"神奇数字"——$10(a^2+ab+b^2)+2$ 在病毒的结构中起着特殊的作用。这些数字是可以以"近乎正"的方式组合在一起形成一个近似球形表面的相同单元(蛋白质分子)的数量。大多数数字并不符合这种特殊形式。正如表 6.1 所示,小于 300 的神奇数字只有:

12、32、42、72、92、122、132、162、192、212、252、272 和 282。

表 6.1 可构建出病毒结构的神奇数字

a	b	(a^2+ab+b^2)	$10(a^2+ab+b^2)+2$
1	0	1	12
1	1	3	32
2	0	4	42
2	1	7	72

(续表)

a	b	(a^2+ab+b^2)	$10(a^2+ab+b^2)+2$
2	1	7	72
2	2	12	122
3	0	9	92
3	1	13	132
3	2	19	192
3	3	27	272
4	0	16	162
4	1	21	212
4	2	28	282
5	0	25	252

"完全疯了,"菲尔医生说,"你以为数学可以对自然界发号施令吗？让我来告诉你你究竟得了什么病吧！你得的是单纯疱疹病毒。这是病毒学教材对你的报复！让我来看看……单纯疱疹病毒……就是引起唇疱疹的病毒……162个单元！"

"{4,0}型的。"我说。

"什么？哼,还真是……一定是巧合。好了,下一个一定会让你哑口无言……鸡腺病毒——252个单元。"

"{5,0}型(图6.6)。"

"人疣病毒！"他大喊。我的脑海中闪过几种解释。他又是在用我听不懂的词骂人吗？还是什么和鼻子有关的术语？都不是。他在病毒学教材里找了另一个病毒,而且显然结果让他不太满意。"该死！是72——那是类型为{1,2}。BK病毒——不对,也是72。兔乳头状瘤病毒——又是72！"

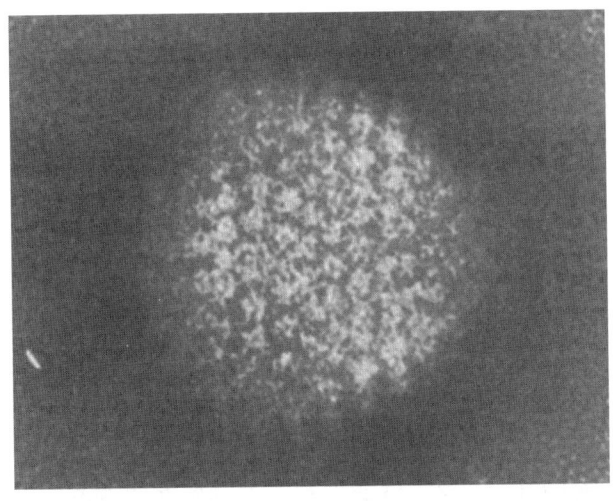

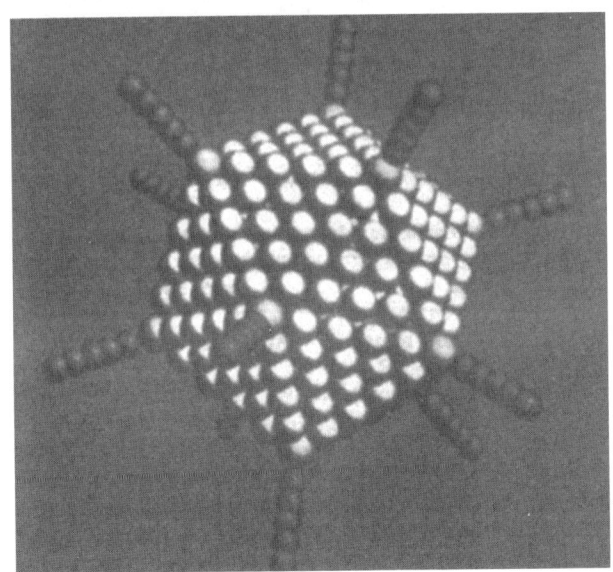

图 6.6
12 型腺病毒,是由球状蛋白单元以类型{5,0}排列而成的。要制作这样一个模型,你只需要 252 个网球(外加 60 个尖刺)、几管强力胶、创造力和毅力(图片来源:Science Photo Library)

问　题

你注意到了吗？这些神奇数字全都是以 2 结尾的。你知道为什么吗？而且这些数字除以 3 后的余数要么是 0 要么是 2。这个结论对吗？还是说存在 $3k+1$ 形式的神奇数字呢？为什么？有没有神奇数字是平方数呢？

戈德堡-卡斯帕-克卢格伪二十面体

我们首先用等边三角形密铺整个平面。接下来我们按下面的方法构建大三角形:选择两个数 a 和 b,再选定某一顶点为起点,向右移动 a 个单位、向上移动 b 个单位,得到第二个顶点。重复此过程构建出一个大三角形[图6.7(a)]。现在,将 20 个这样的大三角形(每一个都可以分割成原始小三角形)组合在一起,构建出一个二十面体[图6.7(b)]。如果将该正二十面体从中心向一个球体投影,就可

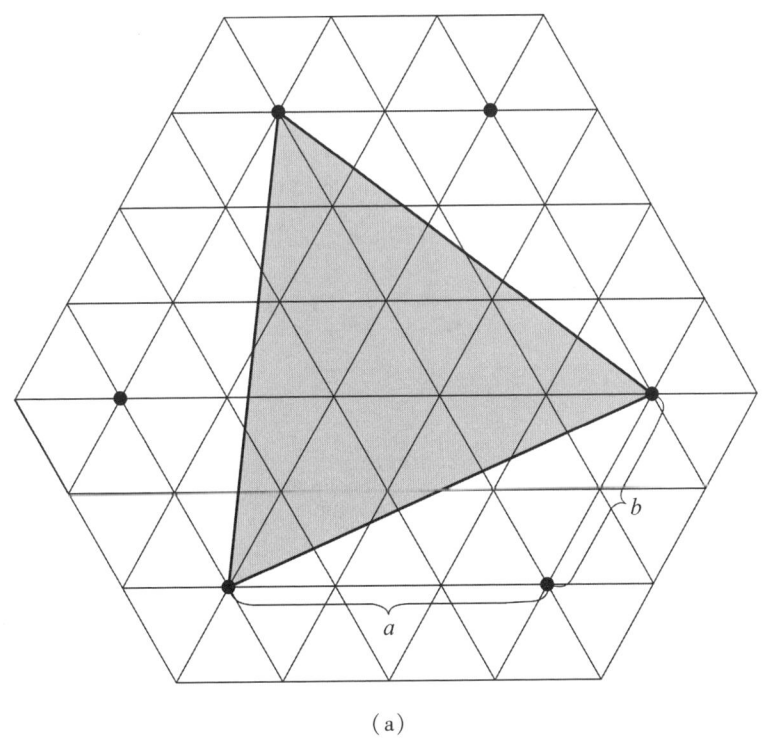

(a)

(接下页)

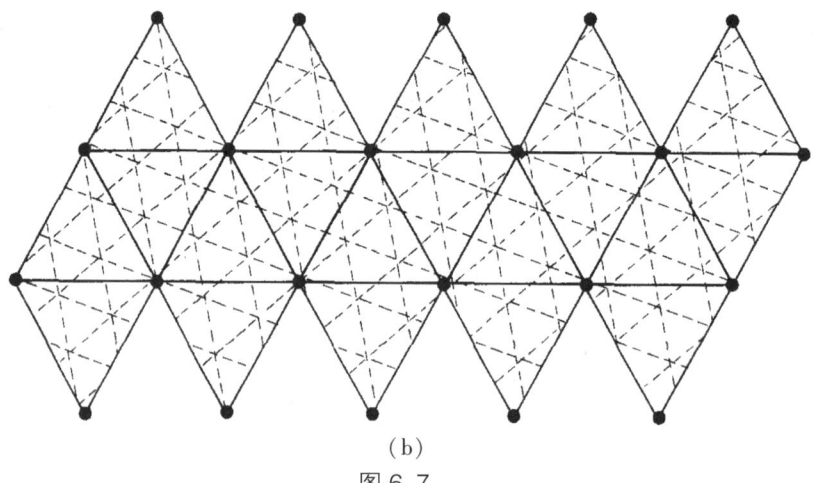

（b）

图 6.7

（a）构成 $\{a,b\}$ 型的伪二十面体的基本三角形单位；（b）将 20 个基本单位组合成一个伪二十面体

以得到每个面近似于正五边形、正六边形的多面体，并且满足 $V = 10(a^2+ab+b^2)+2$。这样，$\{a,b\}$ 型的伪二十面体就构建完成了。

我纠正道:"实际上是{2,1}型。当$a \neq b$时,{a,b}和{b,a}互为镜像。是不是很奇妙! 人疣病毒和兔乳头状瘤病毒几乎完全相同,只是一个是左旋的,另一个是右旋的! 你难道不认为这是收敛进化的一个迷人例子吗……"

"芜菁黄花叶病毒——32,{1,1}型! REO病毒——真烦人,92,{3,0}型!"他像着了魔一样翻动着书页,嘿,这里有个大的,肯定会出错的……传染性犬肝炎! 362!"他看着我的列表:"没有,没有……"

"这是因为列表没有列出足够多的类型。"我说,"试试{6,0}。"

他不情不愿地哼了一声。

"连自然界都必须遵守数学规律。"我说,"当然,前提是数学能够充分地描述自然界——这本身是存在争议的。但是重复结构的组合数学是非常基础的,所以真实世界存在着它的影子,这一点并不让人惊讶。"

"如果你试图把球体紧密堆放在一起,也会出现同样的'神奇数字'。"我说,"如果你从一个球体开始,紧密地围绕它放置12个球体。下一层有42个球体。然后是92、162、252……富勒(Buckminster Fuller)认为这非常令人兴奋。他认为92具有特殊的神秘属性。例如,第92号元素是铀。那确实是特殊的。"

"富勒? 他不是建筑师吗?"

"没错。但他从数学中汲取了大量灵感。他设计了穹顶结构——由三角形构成的球体(图6.8),采用了与戈德堡-卡斯帕-克卢格病毒形状(表6.2)相同的原理。"

图 6.8 一个穹顶结构(图片来源:Science Photo Library)

表 6.2 伪二十面体:病毒和穹顶结构建筑

$\{a,b\}$	病毒	穹顶结构建筑
$\{1,1\}$	芜菁黄花叶病毒	位于巴芬岛的北极研究所
$\{2,0\}$	ΦR 噬菌体	
$\{2,1\}$	兔乳头状瘤病毒	
$\{1,2\}$	人疣病毒	
$\{2,2\}$		莱特号航空母舰
$\{3,0\}$	呼肠孤病毒	美国空军驻韩总部
$\{4,0\}$	疱疹病毒、水痘病毒	华盛顿山
$\{5,0\}$	12 型腺病毒	位于阿富汗喀布尔的美国使馆

(续表)

$\{a,b\}$	病毒	穹顶结构建筑
$\{6,0\}$	传染性犬肝炎病毒	北极远程预警线雷达罩
$\{8,8\}$		位于美国长岛的劳伦斯高中的穹顶
$\{16,0\}$		位于加拿大蒙特利尔市的第67届世界博览会美国馆
$\{18,0\}$		位于法国巴黎的球幕影院

"同样的想法在化学中也很重要,"我已经牢牢掌握了话语权,因此继续滔滔不绝,"化学家们通过以相同类型的结构连接碳原子来合成有机分子。他们认为截二十面体非常重要,因为它很可能在太空中的恒星之间自然形成。他们把这种分子称为'巴克敏斯特富勒烯'(图6.9),以纪念穹顶结构的发明者。有时也叫'足球烯',这是为了纪念足球的发明者……"

菲尔医生挫败地低着头,轻声地念着:"巴克敏斯特富勒烯……足球烯……"但随即,他的眼神亮了。

"年轻人,我已经诊断出你的病因了。"他说,"你患有足入口病——也就是'口无遮拦脚踩嘴病'——这是由一个非常大的二十面体病毒引起的!如果不及时治疗,会出现典型的头部肿胀症状,必须通过在头骨上安装一个减压阀来进行治疗。现在,治疗这种大型病毒显然需要非常大的注射器!"他拿出了一支比我的手臂还长的注射器,看起来像是喷洒树木以杀死蝗虫的工具。

"我突然感觉好多了。"我赶紧说。

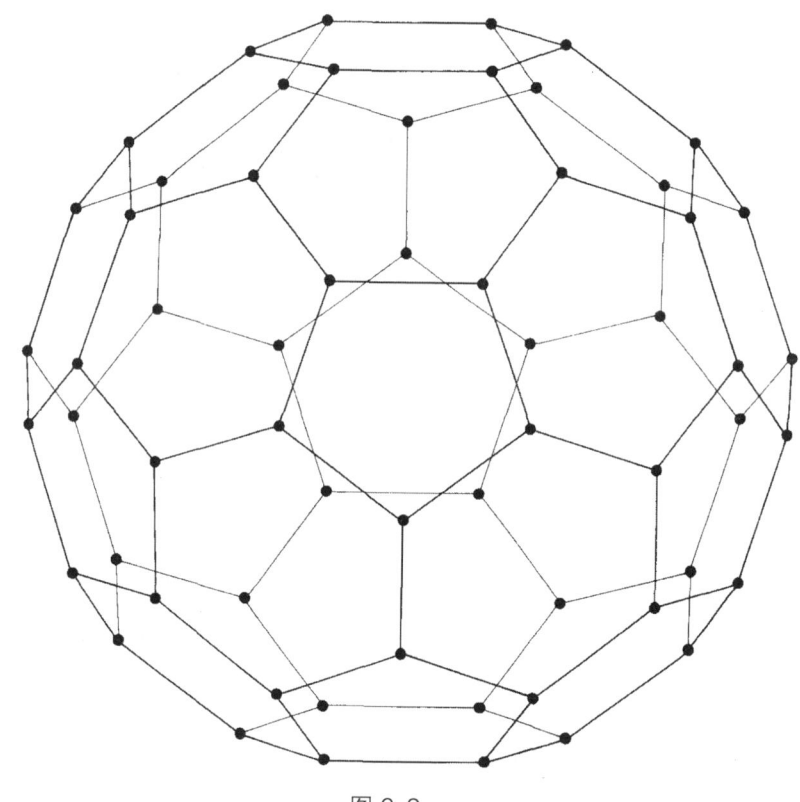

图 6.9
碳原子的笼状结构形成了巴克敏斯特富勒烯分子的基本骨架。可将此图与图 6.1 进行比较

"胡说！你只需要轻轻一针……"

"等等！"我大声喊道，"我有个更好的主意！"我突然想起几年前在数学系流传的一个恶搞会议报道。当然，那只是个笑话，但也许菲尔医生不会意识到这一点。"等等！我突然想起了麻省理工学院的科斯坦特（Bertram Kostant）教授的一些研究。"

"那又怎样？"

"他利用对二十面体的数学分析来计算其自然振动频率。你需要的是一台可变频率激光仪!"

"我为什么需要激光仪?"

"你看,如果有人唱歌的音调恰好与红酒杯形成共振,那么红酒杯会应声而碎。所以你可以通过调节激光频率,让病毒自我摧毁!"

"那么,"他问道,"如果我有了这个激光仪,我会做什么?"

"把它塞进我的鼻子里,然后打开开关。"我回答道。

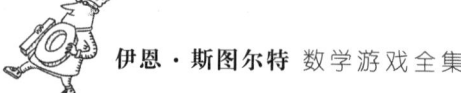

答　案

神奇数字都形如 $10(a^2+ab+b^2)+2$，由于 10 的倍数以数字 0 结尾，所以神奇数字必须以数字 2 结尾。

神奇数字不可能具有 $3k+1$ 的形式。为了证明这一点，我们不妨计算 a^2+ab+b^2 除以 3 后取余数，即 $a^2+ab+b^2 \pmod 3$ 的可能值：

b	a		
	0	1	2
0	0	1	1
1	1	0	1
2	1	1	0

我们可以看到，这样一来，计算结果只可能是 0 或 1。现在，任何神奇数字 $10(a^2+ab+b^2)+2$ 都变成 $1(a^2+ab+b^2)+2 \pmod 3$。$10 \equiv 1 \pmod 3$，所以只需要考虑 a^2+ab+b^2+2，其结果要么是 $0+2=2$，要么是 $1+2 \equiv 0 \pmod 3$。

没有任何一个完全平方数的个位数是 2，因此也不存在是平方数的神奇数字。

进阶读物

第 1 章

K. J. Falconer, *The Geometry of Fractal Sets*, Cambridge: Cambridge University Press, 1985.

J. M. Marstrand, "Packing Smooth Curves in R", *Mathematika*, 26 (1979), pp. 1–12.

Herbert Meschowski, *Unsolved and Unsolvable Problems in Geometry*, Budapest: Ungar, 1966.

C. Stanley Ogilvy, *Tomorrow's Math*, Oxford: Oxford University Press, 1972.

D. J. Ward, "A Set of Zero Plane Measure Containing All Finite Polygonal Arcs".

第 2 章

R. Hersh and R. J. Griego, "Brownian Motion and Potential Theory" *Scientific American* (March 1969), pp. 66–74.

MarkKac, "Probability7", *Mathematics in the Modern World*, ed. Morris

Kline, San Francisco: Freeman, 1968.

Morris Kline, *Mathematics in Western Culture*, Harmondsworth: Penguin, 1972.

A. N. Kolmogorov, "The Theory of Probability", *Mathemtics: its Content, Methods, and Meaning*, ed. A. D. Aleksandrov, Boston: MIT Press, 1963.

Frederik Pohl, *Drunkard's Walk*, London: Gollancz, 1961.

Warren Weaver, *Lady Luck*, New York: Dover, 1963.

第 3 章

Michael Guillen, *Bridges to Infinity*, London: Rider, 1983.

Edward Kasner and James Newman, *Mathematics and the Imagination*, London: Bell, 1961.

Eugene P. Northrop, *Riddles in Mathematics*, Harmondsworth: Penguin, 1960.

Ian Stewart, *The Problems of Mathematics*, Oxford: Oxford University Press, 1987.

Leo Zippin, *Uses of Infinity*, Washington, DC: Mathematical Association of America, 1962.

第 4 章

N. G. de Bruijn, "A Combinatorial Problem", *Akademie van Wetenschappen*

(Amsterdam), 8 (1946), pp. 461-467.

I. J. Good, "Normal Recurring Decimals", *Journal of the London Mathematical Society*, 21 (1946), pp. 167-169.

M. H. Martin, "A Problem in Arrangements", *Bulletin of the American Mathematical Society*, 40 (1934), pp. 859-864.

G. H. Pettengill, D. B. Campbell, and H. Masursky, "The Surface of Venus", *Scientific American* (August 1980), pp. 46-57.

Manfred Schroeder, *Number Theory in Science and Communication*, New York: Springer, 1984.

Sherman K. Stein, "The Mathematician as an Explorer", *Scientific American* (May 1961), pp. 149-158.

Sherman K. Stein, *Mathematics: the Man-Made Universe*, San Francisco: Freeman, 1976.

第 5 章

W. W. Rouse Ball, *Mathematical Recreations and Essays*, London: Macmillan, 11th edition, 1959.

Richard Courant and Herbert Robbins, *What is Mathematics?*, Oxford: Oxford University Press, 1941.

K. Critchlow, *Islamic Patterns*, New York: Schocken Books, 1976.

Martin Gardner, "Mathematical Games: a New Kind of Cypher that would take Millions of Years to Break", *Scientific American* (August 1977), pp. 120-124.

Branko Grünbaum and G. C. Shephard, *Tilings and Patterns*, San Francisco: Freeman, 1987.

Martin E. Hellman, "The Mathematics of Public-key Cryptography", *Scientific American* (August 1979), pp. 130–139.

David A. Klamer (ed.), *The Mathematical Gardner*, Boston: Prindle-Weber-Schmidt, 1981.

Tim Poston, "Au Courant with Differential Equations", *Manifold*, 18 (Spring 1976), pp. 6–9.

第 6 章

H. S. M. Coxeter, "Virus Macromolecules and Geodesic Domes", *A Spectrum of Mathematics: Essays presented to H. G. Forder*, ed. John Butcher, Oxford: Oxford University Press, 1967.

H. M. Cundy and A. P. Rollett, *Mathematical Models*, Oxford: Clarendon Press, 1961.

James M. Hogle, Marie Chowz and David J. Filmanz, "The Structure of Poliovirus", *Scientific American* (March 1987), pp. 28–35.

C. R. Madeley, *Virus Morphology*, Edinburgh: Churchill & Livingstone, 1972.

James Meller (ed.), *The Buckminster Fuller Reader*, Harmondsworth: Penguin Books, 1972.

Peter Pearce, *Structure in Nature is a Strategy for Design*, Boston: MIT

Press, 1978.

D'Arcy W. Thompson, *On Growth and Form*, Cambridge: Cambridge University Press, 1942.

Game, Set and Math:
Enigmas and Conundrums
By
Ian Stewart
Copyright © 1989 by Ian Stewart
This edition arranged with The Curious Minds Agency
GmbH and Louisa Pritchard Associates
through BIG APPLE AGENCY, LABUAN, MALAYSIA.
Simplified Chinese edition Copyright © 2025 by
Shanghai Scientific & Technological Education Publishing House Co., Ltd.
ALL RIGHTS RESERVED
上海科技教育出版社业经 BIG APPLE AGENCY 协助
取得本书中文简体字版版权